青少年为人处世能力的培养

广大的中小学生是未来社会的主人，为了能在未来社会中获得事业上的成功，有必要学习一下为人处世的方法和技巧。

史毅军◎编著

中国出版集团
现代出版社

图书在版编目（CIP）数据

青少年为人处世能力的培养 / 史毅军编著．— 北京：现代出版社，2011.9（2021年5月重印）

ISBN 978－7－5143－0307－0

Ⅰ．①青… Ⅱ．①史… Ⅲ．①人生哲学－青年读物②人生哲学－少年读物 Ⅳ．①B821－49

中国版本图书馆CIP数据核字（2011）第146299号

青少年为人处世能力的培养

编　　著	史毅军
责任编辑	张　璐
出版发行	现代出版社
地　　址	北京市安定门外安华里504号
邮政编码	100011
电　　话	010－64267325　010－64245264（兼传真）
网　　址	www. 1980xd. com
电子信箱	xiandai@ vip. sina. com
印　　刷	三河市人民印务有限公司
开　　本	710mm×1000mm　1/16
印　　张	13
版　　次	2012年1月第1版　2021年5月第8次印刷
书　　号	ISBN 978－7－5143－0307－0
定　　价	38. 80元

前　言

有人说："中国古代的哲学全是为人处世的哲学。"从一定意义上来说，这样评价中国古代的哲学还是比较准确的。不管是《论语》《孟子》等儒家经典，还是后世阐释这些经典的著作，无一不包含教导人们如何与人相处、如何处理事务的内容。从这一点来看，我国古人非常重视为人处世的能力。

其实，为人处世的能力不仅在古代受到重视，当代人也非常重视，因为一个人的成功无论如何也离不开为人处世的能力。

在当今世界上，每天都会有人因为为人处世能力的欠缺而导致失败。著名的人际关系学专家阿尔伯特·爱德华·威根在他的研究报告《探索你的心理世界》一书中就曾指出："在一年内失业的4000名职工当中，其实只有10%的人是因能力不够、无法胜任工作而被解雇，其余90%的人全部是因为不能娴熟地处理人际关系而被开除的。"

21世纪，社会分工越来越精细化，一个人无法完成整个工作的全部流程。也许你的学识非常高深，也许你的技术非常精湛，但是如果你不懂得如何为人处世，那么你依然无法在社会上立足。因为，在当代社会中，一个人要唱独角戏几乎是不可能的。

从长远来看，广大的中小学生是未来社会的主人。为了能在未来的社会中获得事业上的成功，大家还是有必要学习一下为人处世的方法和技巧的。广大的中小学生只有提高了自己为人处世的能力，才有可能在未来的社会上站稳脚跟。

从目前来看，广大的中小学生在学校和家庭生活中，也不可避免地要与人交往，直面生活中的各种烦恼和不开心的事情。大家如果提高了为人处世的能力，不但可以让自己生活得更快乐、更幸福，也可以获得老师、家长和同学的好评，学习成绩也可能因此而提高。

有鉴于此，我们组织编写了这本《青少年为人处世能力的培养》。希望广大的中小学生能够仔细阅读本书，用书中的理论来充实自己，然后自己再到实践中去感受、去体验。因为只有理论联系实际，同学们才能不断发现自身的缺陷，继而提高自己为人处世的能力。

目　录
Contents

在为人处世中认清自己和他人

学习为人处世中的礼仪和规则

在社交中提高为人处世的能力

要学会为人处世的策略和技巧

人格魅力彰显为人处世的能力

看清人格的本质

人类对自身的探索已经持续了好几千年。自从人类从自然界脱离出来后，就在认识客观世界的同时，开始了对人类自身的认识。那么，人类是什么时候开始对现代科学意义上的人格进行研究的呢?

其实，人们对现代科学意义上的人格进行研究可追溯到古希腊时代。古希腊著名的哲学家苏格拉底、柏拉图、亚里士多德等都对人性和人的行为有过许多论述。

在以后的各个历史时期，对人格的研究始终没有停止过。20 世纪 20 年代以来，人格研究成为最引人注目的课题之一。许多领域，包括哲学、心理学、伦理学、社会学、教育学等的专家学者，都对人格问题进行了相当广泛的探讨，出版了大量的论著。

那么，人格究竟是什么呢? 这个在日常生活中广泛使用的概念看似简单，其实却极为复杂。人格是指一个人的特性，是对他的总的、本质的描述。因此，人格的内涵和外延相当广泛和丰富。它既是一个哲学概念、心理学概念，又是一个伦理学概念、社会学概念和法学概念。美国著名的人格理论家奥尔波特在 20 世纪 30 年代就曾综述前人关于人格研究的成果，概括出 50 多个人格定义。

这可以充分表明，人格这个自古以来就有的概念存在很多的歧义。

人格定义的多样性一方面说明了人格问题的复杂性，另一方面也说明人格研究的广泛性。西方的人格一词 personabity 源于拉丁文的 persona，原指“面具”。

面具是舞台上扮演角色的演员所戴上的特殊脸谱，它表现剧中人物的身份、性格、角色特点。将“面具”的意义指人格，包含了两层意思：即人在生活舞台上表现的种种行为。

从西方大多数现代人格主义的基本倾向性界定来看，人格定义大致有以下 3 种类型：①最为通行的是把人格界定为个人内在的，全部生理、物理结构和心理意识外在化的状态。②强调人的个体差异性，从个人心理行为特点的一致性中显示人格内容。③从人的生活过程中去定义人格，强调环境、社会影响和后天学习的相关因素。

最有代表性的人格定义是奥尔波特提出的，他认为人格就是一个人真正是什么。他进一步解释，人格是在个体内在心理、物理系统中的动力组织，它决定人对环境顺应的独特性。

综合国内外学者关于人格的不同定义，人格应当是：以精神面貌为核心的，身心统一的，与他人相区别的一个人的总体特征。由定义可见，人格具有鲜明的独特性和差异性；它是心身统一、内外统一的整体；它包括人的各种心理过程，人的认知能力、行为动机、情绪反应、人际关系、态度信仰、道德价值等是构成人格的要素。

人格是在人的社会过程中，在遗传、环境、学习等因素相互影响下形成的。对一个人的人格进行判定时，必须同时考察他的内部心理特征与外部行为的特征。

黑格尔“抽象地、单独地来考察国家的职能和活力，而把特殊的个体性看做它们的对立物”。他认为，国家的特殊职能和活动与“实现它们的个人发生联系，但是和它们发生联系的并不是这些人的个人人格，而只是这些人的普遍的和客观的特质；因此它们是以外在的和偶然的方式同这种特殊的人格本身相联系”。

马克思针对黑格尔的这一观点，指出，不能割裂个人与社会的关系，并把它们对立起来。个人的人格与作为“人的社会特质的存在和活动的方式”的国家职能的联系不是“外在的”和“偶然的”，而是“突体性”的联系，特殊的人格的本质是人的“社会特质”。

理想人格的魅力

每个人的所作所为都是在追求他们自己的自觉期望的同时而创造自己的历史，人们通过对理想人格的学习而塑造自己的人格。

那么，什么是理想人格呢？所谓理想人格就是道德原则规范的结晶和道德的完美典型，是做人的最高道德标准。理想人格高于现实生活中的各种人格，是现实人格的升华。理想人格是真善美的统一，唯有如此，它才能产生巨大的感召力，成为人们完善自己人格的发展趋势和方向。

真善美统一的理想人格是人类孜孜不倦的崇高境界。早在2000年前的古希腊，苏格拉底提出了“知识即美德的命题”，把真与善统一起来。柏拉图继承发展了苏格拉的这一思想，他认为人通过理性观到理念本体世界，灵魂达到了真善美统一的境界。后来，德国著名哲学家康德写了3本著名的批判作品，建构了一个真善美的庞大的思想体系，影响甚远。

从著名哲学家，特别是康德的理论体系中，我们不难找到认识真善美本质的思想线索。“真”解决“我”能够知道什么，属于认识论范畴。马克思认为历史的发源地不是在“天上的云雾中”，而在“尘世粗糙的物质生产中”，人的活动首先是物质生产活动，是工业和科学，是“物质群众”利用“物质自然”进行的“物质实践”。

人在认识客观和改造世界的过程中，才能获得其生存的条件和基础。人对客观世界的认识越丰富、越深刻，掌握的知识和真理越多，就能更好地推动人类社会的发展。那些在科学事业上做出丰功伟绩的人们，例如牛顿、爱因斯坦，总是受到人们的无比崇敬。知识和真理作为智慧力量在理想人格中占有重要一席，这是应有之义。

理想人格中的“善”解决“我”应当做什么，它的本质是以人类社会内在关系为准则的道德价值。人是有意识、有目的的存在物，与动物那种无意识的生命活动相反，人在自己的活动之前总要问一个“为什么”，即有目的。从价值论角度看，在人的主体活动中，总有一定的价值目标存在。人们总是追求一定的价值目标，超越现实的规定，并通过实践活动使自己成为合乎理想要求的人。“应当做什么”体现了社会对其成员的道德要求，也反映了社会个体自我完善和发展的需要。

真与善两者是有区别的，但是两者又是可以统一的。柏拉图认为善本体不仅是道德和观念的来源，也是万物的本源，他在客观唯心主义的基础上把真与善统一起来了。而在中国哲学中，真善是一个重要特色。中国哲人认为至真的道理就是至善的准则，求真即求善，不能离开善而求真。如果离开善而专求真，结果只能得妄，而不能得真。从这一观点出发，他们认为致知与修养密不可分，对宇宙真理的探求与人生至善的达到，是一事之两面。

黑格尔有句名言：“善就是被实现了的自由。”自由是对必然的认识以及依据这种认识对客观现实的能动改造。这也就意味着善是主观目的和客观现实的一致。列宁在评价黑格尔的辩证法思想时指出：“‘善’是‘对外部现实性的要求’，这就是说，‘善’是人的实践要求的外部现实性。”“善”与“真”是相互联系和相互制约的，最大的善行，是建立在对客观规律正确认识的基础上，并运用这些规律去创造性地为社会、为人民谋幸福。向善必须求真，向善包含求真。

正确理解真与善的统一，我们才能认识理想人格中的“美”。美是人的本质力量的感性显现，而真与善的统一是其中最基本的内容。

理想人格是真善美的统一，片面强调其中的一个方面，将导致人格的畸形，影响个人的完善和社会的发展。这在不同的传统文化中有着不同的情形。西方理想人格中突出知识、智慧的作用，这无疑对社会生产力的发展是有益的。这一点是非常值得我国广大中小学生学习的。

但是广大的中小学生同时也应看到，只有知识和智慧还无法形成理想人格，因为理想人格不但要有真（知识、智慧），也要有善和美。总的来说，这种真善美统一的理想人格，除了智慧和知识，还需要诚信、勇于承担责任、谦虚好学、树立远大的理想，有着坚强的性格，正确定义成功，有爱心，懂得孝敬父母、尊敬老人、团结兄弟姐妹和同学等。

诚信是立身之本

什么是诚信？通俗地说，诚信就是诚实、守信用。诚实守信是人的立身之本，是全部道德的基础。一个言而无信的人，是不堪为伍的；一个言而无信的民族，是自甘堕落的。

孔子说：“人而无信，不知其可也。”孟子说：“君子养心莫善于诚。”可见诚信对一个人来说有多么重要。一个人要养成好的人格，没有什么比诚信更好的了。

要做到诚信，首先就要信守诺言。诺言是一个人对他人或自己所做的承诺。这种承诺可以是以语言的形式外现出来，也可以是人在心里对自己所做的某种比较郑重的决定。简单地说，就是一个人要说到做到。

如果一个人经常不遵守自己向别人许下的诺言，那么，他会渐渐在别人心中失去信誉，他说的话从此再不会有人放在心上。在人群中，他也会变得可有可无，因为他说的话、做的事再不会有人去关注。他会渐渐失去朋友，变成一个孤单而无助的人。

信守诺言是一个人最基本的素质之一，没有它的人格是不健全的。信守诺言的力量十分强大。我国春秋时期，晋文公为图霸业决定攻打原国。晋文公和士兵约定用7天时间攻打原国。晋军到了原国后，受到了顽强的抵抗，7天之后，原国仍然没有投降。于是晋文公下令撤军。所有人都不理解，但晋文公仍然坚持要撤军。他说：“我已经和士兵们约好以7天为限，现在7天已过，我不能失去信用。信用是国家的珍宝，即使得到了原国却失去了国家的珍宝，我不能这样做。”于是晋军撤离了原国。

第二年，晋文公又亲自率领大军攻打原国。这一次，他与士兵约定：一定要攻下原国才罢兵。原国人一听到晋文公和士兵的约定，马上就投降归顺晋国了。卫国人听到这件事以后，认为晋文公的信用已经达到了极点，也就归顺了晋国。不久，晋文公就成为了天下诸侯的霸主。

诚信还意味着实事求是、不说谎话和瞎话。所谓实事求是就是从实际情况出发，不夸大、不缩小，正确地对待和处理问题。

实事求是要求我们对事物有一个如实的反映，谎言和欺骗是绝对不能存在的。我们做人做事如果不能做到这一点，不仅可能使我们的自身形象受到损害，有时甚至会带来灾难性的后果。

坦率地说，中华民族诚实守信的传统正受到严重挑战，说谎在当今广大中小学生之中已经不是个别现象了。中小学生说谎的一个重要原因，就是成年人的不良影响。实际上，谎言是灾难的导火索。

1946 年 7 月 4 日，德国法西斯已经灭亡了 14 个月了。这天，离华沙 170 千米远的凯尔采市的几百名群情激愤的市民冲向街头，见犹太人就打、就抓、就杀，有的犹太人被抓到帕兰蒂大街 7 号的一幢房子里被活活打死。这场肆无忌惮的屠杀从早上 10 点持续到下午 4 点，有 42 人被杀害，其中 2 人是被误认为是犹太人而被打死的。

说来令人难以置信，这次屠杀竟是由于小孩说谎而引起的。赫里安是波兰一个鞋匠的孩子，当时他和父母从乡村搬到凯尔采市，很不习惯。1946 年 7 月 1 日，他偷偷搭车回到乡村小朋友之中，3 天后他又溜回城里。父亲看到儿子回来，责问他是不是被犹太人拐上了。他一害怕，就谎称犹太人把他拐到帕兰蒂大街 7 号的一个地窖里虐待他。

第二天，父亲到警察局去报案。在回家的路上，父子俩绘声绘色地说赫里安被犹太人拐去折腾了几天，当时虽然第二次世界大战已经结束了，但德国法西斯的排犹思潮阴云并未完全散去。几个市民听信了谎言，异常愤怒，扬言要对犹太人报复，而捏造的“事实”在几个小时内一传十、十传百，越传越走样，于是酿成了这一天对犹太人的屠杀惨剧。

可以说，这是由于一句瞎话和谎话引起的悲剧，赫里安因为没有遵守实事求是的原则，而给犹太人带来了这一惨祸。

诚信还意味着要守时，即遵守关于时间的约定。作为一个现代人，守时是一个重要的习惯，遵守与他人约定的时间，同时也遵守各种纪律规定的时间。如果不能做到这一点，可能会失去在同学和朋友之中的信誉，如果是关系到纪律，还会受到相应的惩罚。

守时，即按时间进行，固然不能迟到，但也不要提前太多。有人觉得任何约定早一点总是好的，其实不然，单方面太过于将约定的时间提前，与迟到一样是不太礼貌的。最好是准时到达，这是最好的守时。

诚信还意味着要真诚待人接物。所谓真诚，是指真实诚恳，没有一点虚假。在生活中，我们常常会说身边的谁谁谁挺虚伪的，意思就是说这个人待人不真诚。要不就是常常摆出一副真诚的样子，但并没有诚心诚意去对待别人；要不就是说一套做一套。

随着时间的推移，这样的人就会慢慢地被人疏远，如果还有人与他交往，也不能得到别人的真诚对待。为什么呢？一个不以真诚待人的人，谁会对他付出真诚呢？所以，就算这样的人还有朋友，也不过是一些同样以虚伪来对待他的朋友罢了。

在生活中，竭力帮助身边需要帮助的人，对每一个人所说的每一句话、做的每一件事，都发自真诚的内心，这就是真诚待人接物了。一切以内心的善为最高标准。

如果我们的生活中缺少了诚信，就会失去大家的信任，成为不受欢迎的人。别人不知道你说的哪句话是真的，哪句话是假的。渐渐地，说的话再也没有人相信，就失去了做个正直的人最起码的资格！

要勇于承担责任

是否具有责任心，是衡量一个人是不是现代人的主要标志之一，也是衡量少年儿童社会化水平的关键指标之一。现代社会，人们相互依赖的程度越来越高，分工越细越需要责任心，因为任何一个环节的失职，都可能导致整个事业的崩溃。一代代人的责任心状况，将对人类的生存产生越来越大的影响。

责任心是人格的重要组成部分，是一种非常重要的素质，是成为一个优秀的人所必需的。主动承担责任，意味着愿意主动去为他人或集体做更多的事情，愿意去冒更多的风险，也愿意付出随之而来的可能会有的代价。

因为只有一个人意识到要主动承担责任的时候，他的美好人格才开始形成，他也才有可能成为一个真正的人。责任是一个人必须为之付出努力的任务，无论大小都应该重视。

广大的中小学生要勇于承担责任，就要首先学会做自己的事情。在现实生活中，很多中小学生似乎已经习惯了让父母在生活上当他们的保姆；在学习中，也已经习惯了父母当拐杖，让父母陪着读书，帮着做作业。最后的结果是离开了父母他们就手足无措，甚至寸步难行。

有个15岁的中学生说："在家里，爷爷奶奶、爸爸妈妈什么都替我做了，我长这么大，在家里没有洗过一双袜子，也没有扫过地。有时，爸爸也说我，我觉得自己应该多干点家务活儿，但就是懒得做。再加上他们老迁就我，我一要赖他们就不让我做了。"其实这种情况在当前的中学生里有一定的普遍性。很多孩子想不到主动做些力所能及的事情帮助劳累的父母，根本就不可能形成责任心。

广大的中小学生总有一天要自立于社会、自立于人生，如果从小养成自己的事情自己做，自己的东西自己管，自己的生活自己安排的自我管理习惯，就能增强其行动的独立性、目的性和计划性，这对于大家今后生活的幸福和成功有巨大的帮助。

广大的中小学生要勇于承担责任，还必须正确面对错误并承担责任。中小学生难免会犯错，犯错是成长着的孩子的权利。没有一次次错误带来的教训，同学们也就不会有那些成长的经验。但前提是必须有知错就改的习惯。光承认错误是没有力量的，对于有些错误造成的不良后果要想办法弥补、改正。也就是说，对于错误不能只是停留在口头的层面，关键还是要在行动上体现出来。

在某企业的季度会议上，营销部的经理说："最近销售情况不理想，我们得负一定的责任。但主要原因在于对手推出的新产品比我们的产品先进。"

研发部经理"认真"总结道："最近推出新产品少是由于研发预算少。大家都知道，杯水车薪的预算还被财务部门削减了。"

财务部经理马上接着解释："公司成本在上升，我们能节约就节约。"

这时，采购部经理跳起来说："采购成本上升了10%，是由于国外一个生产铬的矿山爆炸了，导致不锈钢价格急速攀升。"

于是大家异口同声地说："原来如此！"言外之意便是大家都没有责任。最后，人力资源部经理终于发言："这样说来，我只好去考核国外的这座矿山了。"

就这样推来推去，每个人都没有责任了。如果不能承认自己的错误，根本谈不上为自己的错误负责任，当然也就谈不上责任心了。广大的中小学生应意识到自己的错误，并且做到知错就改，以免犯了错不加悔改，在人生的道路上摔更大的跟头。

广大的中小学生要承担责任，还要培养服务于他人、服务于社会的责任感。人不可能脱离社会而独立存在，必须依赖于很多人。广大的中小学生应认识到，自己所走的每一步路，都有无数的人在服务，道路建设者、养路工人、清洁工人、司机、交警等等。更不用说吃的粮食、穿的衣服、工作和娱乐了。

很多人一生都在做一个麻木的中间派，他们也坚持不伤害他人，不损坏别人的利益，可是，也从没想过要为别人做点什么，没有一丁点为他人、为社会服务的意识，不停地索取却从不付出。其实他们的存在对社会、对他人而言也是一种伤害，因为他寄生在别人的贡献之上。

雷锋说，一个人的价值，应当看他贡献什么，而不应该看他索取什么。所以每个中小学生都应该知道，我们每个人每时每刻都在不停地向这个社会索取，应当经常问一问自己：我应该贡献什么？我应该为别人做点什么？

不断进步的源泉

丁尼生说过："真正的谦虚是最高的美德，也即一切美德之母。"没有一个人有骄傲的资本，因为一个人即使在某一方面的造诣很深，也不能够说他已经彻底精通，彻底研究透了。要知道，任何一门学问都是无穷无尽的海洋、无边无际的天空，所以，谁也不能够认为自己已经达到了最高境界而停步不前、趾高气扬。如果那样，则必将很快被同行和后人迎头赶上。

人本来就是克服了一个又一个的障碍前进的，攀登事业的高峰就像跳高，如果没有一刹那间的下蹲积聚力量，怎么能纵身上跃？人生又像一局胜负无常的棋，人们无法奢望自己永远立于不败之地。况且，“鹤立鸡群，可谓超然无侣矣，然进而观于大海之鹏，则涉然自小；又进而求之九霄之凤，则巍乎莫及。”只有建筑在谦虚谨慎、永不自满的基础之上的人生追求才是健康的、有前途的，才是对自己、对社会负责任的，才是会有所作为、有所成功的。

达尔文就是一个十分谦虚的科学家。他为人处世的特点就是当与别人谈话时，他总是耐心听别人说话，无论对年长或年轻的科学家，他都表现得很谦虚，就好像别人都是他的老师，而他是个好学的学生。

1877 年，达尔文收到德国和荷兰一些科学家送来的生日贺卡，他在感谢信中写道：“我很清楚，要是没有为数众多的可敬的观察家们辛勤搜集到的丰富材料，我的著作便根本不可能完成，即使写成了也不会在人们心中留下任何印象。所以我认为荣誉主要应归于他们。”

与谦虚相反，骄傲则是一种不良的心理状态。在现实生活中，广大的中小学生往往因为学习成绩暂时领先，或者在某方面的特长较明显，经常受到家长和老师的表扬。于是，他们就无法正确认识自己，滋长骄傲情绪。具体表现就是：夸大自己的优点，看不到自己身上的问题，而把别人看得一无是处；听不进别人的善意批评，总是处于盲目的优越感之中。久而久之，他们就会逐渐地放松对自己的要求，导致成绩下降，变得普普通通了。

那么，广大的中小学生要怎样培养谦虚的习惯呢？

1. 要认识骄傲的危害。骄傲自大的人就像井底之蛙，视野狭窄，自以为是。俄国科学家巴甫洛夫对青年们说：“切勿让骄傲支配了你们。由于骄傲，你们会在应该统一的场合固执起来；由于骄傲，你们会拒绝有益的劝告和友好的帮助；而且由于骄傲，你们会失掉客观的标准。”人一骄傲起来，必然会脱离实际、脱离真理，那么挫折和失败的厄运就将接踵而至。

广大中小学生应认识到骄傲是自己健康成长的绊脚石，任何成绩的取得只能是阶段性的、局部的，只能作为一个起点。在学习上，知识是无边的海洋，如果因一时一事领先就忘乎所以，恰恰是知识不够、眼界不宽的表现。

2. 广大中小学生要全面认识自己。一般来说，骄傲的人可能多多少少有某方面的长处，总觉得自己有点骄傲的“资本”。对此，要做些具体分析。人谁没有长处？你聪明能干，他忠诚老实；你能说会道，他埋头苦干；你做事干脆麻利，他慢工出细活；你文化高，别人经验多……

如果都把自己的长处当做骄傲的资本，各以所长，相轻所短，那长处就可能成为短处，成为羁绊自己脚步的绳索、阻碍前进的挡路石。何况，自以为是的“长处”，比起别人来，是否真的是长处呢？如果把本来不是长处的东西，也误以为是自己的“长处”，那就尤其可笑了。

要培养谦虚的习惯，广大中小学生还应开阔视野。狭窄的眼界和胸怀往往也容易滋长骄傲情绪。因此，广大中小学生还要培养广阔的胸襟和视野。在班集体中，若以己之长与别人之短相比较，不外乎是沾沾自喜，自以为什么地方都比别人强，因而看不起别人。

因此，同学们应走出自我的狭小圈子，到更广阔的地方走走，陶冶情操。同时，大家还应了解更多的历史名人的成就和才能，以丰富的知识充实头脑，变骄傲为动力。

3. 广大中小学生还应正确对待老师和家长的表扬。中国古代有个“伤仲永”的故事，说有个孩子叫仲永，三四岁能背唐诗 300 首，七八岁能吟诗作文，被誉为“神童”。当地官府也奉为奇迹，经常邀仲永进官府中饮酒作诗，并让他披红戴绿骑马游行，以示奖赏。在这种众星捧月式地推崇下，他的智力开始下滑，才能日益萎缩，终于一事无成。

所以，同学们应正确对待老师、家长，以及其他长辈的表扬，要把表扬看作前进的动力，而不是自满的资本。

俭能养志是良训

古人常说“俭能养志”。那么这句话是什么意思呢？俭能养志就是说，生活俭朴能培养和磨砺人们的志气。

历史上许多有成就有作为的人物，都用“俭”来磨炼自己，以培养适应艰苦环境的能力，增强克服困难的信心和勇气，而终于获得事业的成功，实现了自己的志向。春秋时期，列国互相攻伐，战争频繁，吴越战争中，吴王阖闾被越国国君勾践打败，受伤死亡，阖闾之子夫差决心报仇。

公元前494年夫差攻越大胜，俘虏了越王勾践，越国成了吴国的附属。勾践过了3年的俘虏生活，低声下气服侍吴王，受尽了侮辱。被释放回越后，勾践发誓灭吴雪耻。勾践要求臣民过俭朴生活，他自己也一样。他把舒适的被褥撤掉，睡在柴草堆上，并在草铺上方挂一个猪苦胆，每天起床后舔一下，让那苦味提醒自己，不要忘记报仇雪耻，激励自己发愤图强。

“十年教训”、“十生聚”，越国强盛起来了。趁夫差与别国争霸的机会，勾践向吴国进攻，终于在公元前473年灭掉了吴国，吴王夫差也自杀了，这就是历史有名的“卧薪尝胆”的故事。

我国明初的宋濂，也是如此。他小时候勤奋好学，家里很穷，没钱买书，他就从藏书家那里借书来读，一边看，一边抄，到了期限就赶快归还。天气特别冷的时候，砚台里的水冻成了冰，手指伸不开，也毫不懈怠。他离家投师，背着箱子拖着鞋子，行走在深山之中，寒冬烈风，皮肤冻裂了也没有止步。他的同学都是衣着华丽，而宋濂身着粗布衣服，却一点不羡慕他们，因为他从学习中获得了最大的乐趣，苦难俭朴的生活磨炼了宋濂，使他成为一代著名的文学家。

与“俭能养志”相反的是“玩物丧志”，如果一个人贪图享乐、醉心享受，成天去玩赏和迷恋于吃喝玩乐，必然会丧失积极进取的志气，以致一事无成，甚至成为终身遗憾。

陈后主叔宝，生活荒淫之极，他常常是宠妾8人夹坐左右，又有文士10人参与宴会，号称狎客。妃嫔与狎客互相赋诗赠答，并选美女10余人奏乐歌唱，君臣甜歌，通宵达旦。当杨广（后是隋炀帝）率军到来时，他还在那里“支使纵酒，作诗不辍”，终于国亡被俘，给后人留下了“商女不知亡国恨，隔江犹唱《后庭花》”的慨叹。

但俘虏他的杨广并未汲取他的教训，杨广在没当皇帝时，曾故意让乐器断弦蒙尘，骗过了他的父亲隋文帝。等他一当上皇帝，其迷恋声色的本性就暴露出来，他的奢侈生活和残酷统治迫使民众揭竿而起，使强大而富足的隋朝在第二代就覆灭了。

这些朝代之所以灭亡，显然和它的统治者生活腐败有关，他们带头搞奢侈享乐，不理或乱理政事，势必造成政治紊乱、世风淫邪、民心尽失。这种状况，他们的政权怎能不像一叶扁舟漂浮在大海上，一遇风浪便会顷刻覆没呢？

唐代伟大的诗人李商隐所说："历览前贤国与家，成由勤俭破由奢。"在当代社会有不少人沉溺于"人生难得几回醉，不欢更待何时"这种极端的个人主义。享乐主义侵入人的"神经中枢"，瓦解上进心和刻苦精神，进一步奉之为人生哲学，就不择手段地追求享乐，那就会"舒舒服服地滑入犯罪的泥潭"，这类事例在我们的生活中是屡见不鲜的。

广大的中小学生缺少社会经验，思想机体比较嫩，免疫力不够强，很容易为一些不良风气所影响。因此，广大的中小学生进行"俭朴"的自我教育非常重要。古人曾说："子弟不成人，富贵适益其恶，子弟能成立，贫贱益以固其节。"意思是说，如果孩子不能依靠自己的力量好好地做人，有钱有势正好帮助他作恶；孩子如果自立为人，贫穷俭朴反而能锻炼他的节操。不让子孙坐享清福，不给子孙留下家财，不使子孙依仗自己的权势，当子女达到一定的年龄，就要他们自立，自谋营生，自食其力，这是古人对自己孩子的要求。

气节千万不可丢

什么是气节？气节就是表示一个人行为品性的概念，具有德行主体的积极态度的含义。具体地讲是一个人或者一个民族自尊心和自信心的表现。气节是德行主体为维护人格、民族的尊严和利益所表现出的牺牲精神和斗争勇气。

从某种意义来说，气节也就是骨气，但"气节"的适用主体稍有差异。

“骨气”一般对维护个人人格尊严而言，“气节”是指德行主体维护民族尊严和利益而言。“骨气”是“气节”的基础，“气节”是“骨气”的延伸和升华。

写文章的时候，人们多崇尚“魏晋风骨”；学书法，人们多临摹颜柳体的丰筋多骨；运丹青，人们不以绘出龙虎的头脚须鳞为极致，而是刻意追求龙虎的骨头与精神。为文习字作画尚且如此，做人更应如此。人无骨不立，民族无气节不存。穷不变节，贱不易志，就很好地道出了这种精神。一个人在困窘失意的时候不改变自己的节操；在地位低下的时候，不改变自己的志向，这就是骨气。骨气作为完美人格的外在体现其突出表现就是不堪忍受屈辱，不甘落后，锐意进取。庄子甘为“孤豚”、“牺牛”，甘愿逍遥物外，不愿到楚王膝前为相；屈原不忍亡国之痛，毅然投汨罗江以身殉国。不论是庄周，还是屈原，他们的思想并不一定要汲取，但他们的人格和骨气，却很值得称赞。

骨气作为完美人格的外在体现，其内在的动因究竟是什么呢？孟子说：“富贵不能淫，贫贱不能移，威武不能屈”；王勃说：“穷且益坚，不坠青云之志”。由此可见，骨气是与志相关联的。而所谓“志”，就是指一个人的志向与坚定的信念。叶挺将军的伟岸身躯不肯从“狗洞子里爬出”，正是出于他那坚定的共产主义信念；闻一多先生拍案而起，横眉怒对国民党反动派的枪口，宁可倒下去，绝不屈服，正是出于他对民主理想的执著追求；朱自清先生一身重病，宁可饿死绝不领美国的“救济粮”，是出于他对帝国主义的无比憎恨……

骨气作为一种人格力量和出于对美好理想的执著追求与坚定信念，它可以使一个人自立、自主、自强，在任何情况下都保持高尚的操守。诗仙李白，在身处于逆境的情况下，以浪漫诗人的情调高吟《梦游天姥吟留别》，唱出了“安能摧眉折腰事权贵，使我不得开心颜”的心声；宋人周敦颐作《爱莲说》云“自李唐来，世人甚爱牡丹，予独爱莲之出淤泥而不染”，言明自己的操守；林逋在《省心录》中说，“大丈夫见善明，则重名节如泰山；用心刚，则轻生死如鸿毛”；刘禹锡在《学院公体三首》中讲：“昔贤多使气，忧国不谋身，目览千载事，心交上古人”；张说在《五君·

咏》中盛赞："处高心不有，临节自为名"……这一切都说明了人格力量的伟大和人们对有骨气者的赞赏。

事实上，每个人在逆境、屈辱和挑战面前所表现出的骨气，常常是与整个民族的尊严、气节联系在一起的。中国女地质工作者金庆民为了祖国人民的重托、为了中国妇女的尊严、为了南极大陆的开发，先后三登南极，是她首次发现了南极大陆铁矿石标本，为我们探明南极的矿藏带回了第一手极为珍贵的资料。作为一名妇女，在开始报名参加世界南极探险的时候，懂得她的出征意味着什么。但是她并没有被困难所吓倒，而是以一个共产党员的大无畏精神和一个中国女性的骄傲勇敢地加入了南极探险者的行列，并成为人类征服南极的仅有的几个女性之一。她靠的就不仅仅是个人的勇气，而是中国人的骨气！

号称"亚洲第一馆"——国家奥林匹克体育中心游泳馆的设计者刘振秀，在工期紧、任务重、难度大、要求高和外国同行断言"中国没能力设计出这么复杂的建筑"的压力面前，他横下一条心，与他的设计者们仅用了几乎相当于工期定额 1/2 的时间就完成了这座人称"奥运工程之最"的设计和施工任务，而且整个建筑壮美独特，其游泳池长度误差仅为 1/10000。

国际泳联的一位高级官员参观该馆后称赞说："这是东方传统建筑风格和 21 世纪建筑水平的完美结合。"刘振秀和他的伙伴们创造的这个奇迹靠的是什么？同样靠的是中国人的民族精神。由此看来，个人的骨气往往都与祖国的尊严、民族的气节紧密相连，而"骨气"或"气节"对一个人乃至一个民族究竟有什么意义呢？

一个人没有骨气将被世人所唾弃；一个民族没有尊严也终将被世界所抛弃。人无骨不立，民族无气节不存。我们讲骨气、讲气节，因为它是一个人乃至一个民族得以发展壮大的内在驱动力量。我们讲骨气、讲气节，还因为它是一个民族的凝聚力之所在。每个民族都有自己的民族精神。我们中华民族的民族精神就是"有同自己的敌人血战到底的气概，有在自力更生基础上光复旧物的决心，有自立于世界民族之林的能力"。正是这种中华民族精神，铸成了我们强大的凝聚力，构成了我们中华民族的气节。我们讲骨气、讲气节，就因为它是一个人乃至一个民族自强不息的动力源泉。

一个人，一个民族的尊严感并非表现在一时一事上。越王勾践在遭吴兵袭击严重受挫后，为报仇雪恨，他退住会稽山，甘愿为吴王马，卧薪尝胆，终于灭吴雪耻；留侯张良早年在博浪沙行刺秦始皇不遂，只身逃亡，备尝艰辛，然而正因他“运筹帷幄之中，决胜千里之外”，终于辅佐刘邦夺得天下。

那么，广大的中小学生如何才能做到穷不变节、贱不易志？首要的是要将自己的命运与民族的命运紧密地联系起来，树立坚定的共产主义信念。中华民族是一个拥有5000年文明史的伟大的民族，我们的祖先不仅在物质生产上有四大发明，中国的传统文化同样具有自己的特质和对世界文明的特殊贡献。这就是我们力量的源泉。

我们讲骨气，就必须批判闭关主义和民族虚无主义两种错误倾向。魏源讲“师夷长技以制夷”，鲁迅讲“拿来”。我们讲民族气节，并不排除对外国先进文化与技术的学习，“改革开放是强国之路”，这已经成为中华儿女的心声。

我们讲民族气节，还必须批判存在于一些人身上的崇洋媚外的思想，他们在市场经济的冲击下，一味地讲求所谓的“实惠”，为了达到某种卑劣的目的，甚至不择手段，做出有损国格、人格的事情。

树立远大的理想

在芸芸众生中，真正的天才与白痴都是极少数，绝大多数人的智力相差不多。但是，这些人中有的成为赢家，有的却碌碌无为。本来智力相近的一群人，为何他们的成就却有天壤之别呢？

哈佛大学曾就这一问题在一群智力与年龄都相近的优秀青年人中进行过一次关于人生志向的调查，调查结果如下：3%的人有自己的志向，后来他们几乎都成了社会各界的精英、行业领袖；10%的人只有短期的奋斗目标，后来他们几乎都是各个领域的成功人士，生活在社会的中上层，事业有成；60%的人志向不明确，后来他们基本上属于社会的大众群体，生活在社会中下层，事业平平；27%的人没有任何志向，后来他们过得很不如意，工作不安定，常常怨天尤人。

由此可见，人的志向对于一个人的成功起着多么重要的作用。俗话说："有志者，事竟成。"立志是对人生之路的自我警醒，也是一个人成就自我最关键和最初始的一步。自古成大事者，从小就立志成就一番事业。华罗庚从父母和老师那里得到的启迪是：做人要有志气、骨气。对于这些，他一直铭记于心，终身不曾忘记，并激励他成为一代杰出的数学家。

任何人要想成功，必须先立下志愿，没有志愿绝不能成功。1872年，12岁的詹天佑前往美国求学。在美国，他第一次见到了火车，便问身边的人："为什么中国没有火车？"一个美国人嘲笑道："中国连铁路都不会修，还想有火车？"少年詹天佑听后很受刺激，暗下决心：我一定要努力学习，长大后给祖国修建铁路。学成后，他回到祖国，冲破重重阻力，排除千难万险，担负起修筑铁路的重任，为中国修建了第一条铁路。正是从小立下的志向，使詹天佑成为中国铁路史的开山鼻祖。

电脑奇才比尔·盖茨从小就有自己的抱负和志向。他曾经告诉人们："与其做一株绿洲中的小草，还不如做一棵秃丘后的橡树。因为小草千篇一律、毫无个性，而橡树则高大挺拔、傲立天空。"

从小，比尔·盖茨就从母亲那里得到启发：人的生命来之不易，要珍惜上帝给每个人的这一伟大馈赠。他在日记中写道："也许人的生命是一场正在燃烧的'火灾'，一个人所能去做的，也必须去做的，就是竭尽全力从这场'火灾'中去抢救点什么东西出来。"由此可见，比尔·盖茨在少年时期就已经立下了与众不同的志向，他当时所达到的思想境界和觉悟已经远远超出了他的同龄人。

正是有了这个志向，使比尔·盖茨做任何事情都专注、用心，因为在他心中已经澎湃着一种想要成就一番大事业的强烈欲望。在志向的驱动下，学校里开设的课程和老师布置的作业，不管是演奏乐器，还是写作文，他都会倾其全力来完成。

有一次，老师布置了一道家庭作业，要求学生写一篇关于人体特殊作用的作文，大概要写四五页。结果，比尔·盖茨让老师和同学感到吃惊的是，他一口气写了30页之多。

从小立志对一个人的成长作用是显而易见的。如果自幼胸无大志，长大后就会放任自流、不思进取。如果广大的中小学生树立了远大的志向，他就能够用这个志向去激励自己勤奋，从而实现自己的志向。

有一次，李嘉诚的父亲李云经带着李嘉诚到了汕头的海边。他一边指着港口内来往如梭的巨轮，一边给李嘉诚讲生活的道理。但是，年幼的李嘉诚对父亲讲的生活道理并没有放在心上，反而对停靠在码头的巨轮产生了兴趣。他觉得这么大的轮船可以稳稳当当地在海上航行是非常不可思议的。于是，他指着大船对父亲说："爸爸，我将来也要做大船的船长！"

父亲高兴地对儿子说："好样的，真有志气！但是，做一个船长非常不容易，他必须考虑很多问题，思考必须很全面。"父亲把手放在李嘉诚的肩膀上，说："你看，现在天气很好，船只在海中航行就比较安全。但是，如果出海后，风暴来了怎么办？做船长的人，就得提前想到这种情况，提早做好一切准备工作。其实，做任何事情都要像做船长一样，预先考虑周全，随时准备应付一切问题。"

李嘉诚从小就树立了做船长的志向，并向着这个目标不断努力。虽然，他最终没有做成船长，但他一直以船长的意识去经营他的公司和人生。他喜欢把自己的人生比做一条船，喜欢把自己的李氏王国比做一条船。他曾经自豪地说："我就是船长，我就是这条航行在波峰浪谷中的船的船长。"

所以，对每一个渴望成功的中小学生来说，都需要从小树立明确的志向。少年是树立志向的最佳时期，同学们充满着对未来的美好憧憬和向往，这种志向将推动他们奋斗不息。自古英雄出少年，少年时期，记忆力最好，保守思想最少，接受新事物快，正是学知识打基础的大好时光。

养成坚强的个性

美国心理学家威蒙曾对150名有成就的人做过研究，发现智力发展与3

种性格品质有关：一是坚持力，二是善于为实现目标不断积累成果，三是有自信、不自卑。可见，坚强的性格对人生十分重要。

人的一生会遇到令人难以忍受的事情。比如贫困和疾病；比如困难和磨难；甚至还有偏见和歧视、打击和嘲讽；还有压迫和摧残……

面对这些不幸，人们最容易心灰意懒，最容易失去信念。但是，坚强的人却挺过来了。面对人生的沧桑、生命的磨难，他们性格中那种坚忍的力量，让一切困难低下了头。

坚强的本质，就是坚持到底、决不动摇。人之奋斗，贵在坚持。只有坚持才能产生无限的创造，只有坚持才能超越一个个有限的“障碍物”，只有坚持才能尝到最后的甘甜。顺利了，要坚持；不顺利，更要坚持。坚持、坚持再坚持，是成功的秘诀。只有度过黎明前那段黑暗时光的人，才会领略晨曦初露时耀眼的光明。

两个商人被困在荒凉的沙漠里，一连好几天没有喝到一滴水了。天亮时，他们决定分头去寻找水源，并约定：如果有人找到水或得到救助，就以鸣枪为信号。

接近中午时，其中一个再也走不动了。太阳像一条火蛇一样舔着他干裂的皮肤，腹内燃烧着一团火。他想：“我快完了，快向同伴求助吧。”于是，他朝天开了一枪。

枪响之后，等了很久，他并没有盼到同伴的到来。他想：“大概他没听见吧？”于是又朝天开了一枪。

又过了许久，仍然没有见到同伴的身影。他开始着急了，又接连开了几枪。他想：“这个家伙，大概是发现了水源，想自己独享；要么是故意见死不救，然后私吞自己的财产。”他大声咒骂这个不讲仁义的家伙。当夜色来临时，他彻底绝望了，他把最后的一颗子弹打进了自己的脑袋。

当他的同伴带着寻来的水，气喘吁吁地来到枪声响过的地方时，看到的是一具尸体。这位商人没有死于干渴，没有死于体力不支，没有死于沙漠里的风暴和野兽的袭击，更没有死于内部争斗，他死于自己的意志，死于自己的半途而废。

其实，成功与失败的差距往往只有一步之遥，只要咬紧牙关坚持一下，胜利便在眼前。但是，许多人正是因为在前面的搏斗中已经筋疲力尽，在最后的关头，即使遇到一个微小的困难或障碍都可能放弃，最终功亏一篑。

对于中小学生来说，胆怯、懦弱和腼腆是普遍存在的。每个学生都会遇到许多麻烦，在面对困难和挫折的时候，胆小懦弱的同学往往没有坚强的意志去克服困难和挫折。坚强勇敢的同学则能够做到持之以恒，凭借自己坚强的意志，战胜困难和挫折，越过障碍和绊脚石，从而取得成功。

一个小学四年级学生，不知什么原因，语文老师对他产生了偏见，于是作为惩罚，这个老师要求他每天必须站在教室的后面上语文课。这一站就站了整整2个月。那么，他的学习成绩受到影响没有呢？“没有，”这个学生自己说，“我心里想，老师不就是要看我的笑话吗？我偏不让你看。”于是他拿着语文课本站着听课，下课再补笔记。而期末考试，他的语文成绩竟得了98分。

这个事例告诉我们，人的一生不可能只有成功而没有挫折。而一个人是不是把失败和挫折看做是对自己的挑战，并重新振作起来，继续努力，就要看他是不是具有坚强的性格。

因此，每个中小学生都应该从小就培养自己坚强的个性，在以后的人生道路上能够坚强地朝自己的目标走下去。

那么，广大的中小学生应该怎样培养坚强的个性呢？

1. 自己的事情自己做，学会自理。善于自理的孩子是坚强的，在面对挫折和困难时，他会用自己的能力去处理这些问题，不会无所适从。因此，每个中小学生都应该学会自己生活，自己去面对生活。譬如：夜间自己独立上厕所，自己为自己准备早点……经过这些锻炼，以后当父母暂时离开时，同学们就能够自己待着而不害怕；当发生意外情况时，也能够不惊慌、不哭泣。这些看起来是小事，但是对培养大家坚强、勇敢的品质很有益处。

2. 要求父母不要把自己当成弱者。这一点是针对父母而言的。想让孩子坚强，父母千万不要把孩子当成弱者来看待。只有让孩子自己去站立，他的双腿才会强壮，他的意志才会坚定。

著名科学家居里夫人很注意培养孩子的坚强性格。在第一次世界大战期间，她把大女儿带到战争前线救护伤员，在艰苦的环境中锻炼。1918年，她又要两个女儿留在正遭到德军炮击的巴黎，并告诉孩子，在轰炸的时候不要躲到地窖里去发抖。这种把孩子当成强者的态度使她的孩子们成为了坚强的人。

3. 要学会正确看待失败。中小学生要正确看待失败，找出失败的原因，分析遇到的问题，会从不同的角度看待身边的事物，抓住问题的关键。

人的一生总会碰到不少自己力不能及的事和无法控制的情况。因此，广大的中小学生在正确分析和理解造成失败的原因及大胆尝试不怕失败以外，也要做好应付困境的心理准备。

应懂得征服自己

每个人都不可能是完人，难免存在这样或那样的缺点与毛病，尤其是处于成长中的中小学生，稍不留神就会做出错误的事情来。所以同学们常常需要用意志征服自己。征服自己就是直面自己、解剖自己，就是挑战自己、磨炼自己。敢于直面自己，征服自己的勇气也是一种高贵的人格。

征服自己就是与各种负面情绪和消极思想抗争，就是与自身潜在的痼疾较量。征服自己就是主动拂去心灵上的灰尘，就是毅然割去肌体上的毒瘤。

事实上，我们时常面临着征服自己的考验。在面对困境一筹莫展时，我们能否征服自己的脆弱？在春风得意踌躇满志时，我们能否征服自己的狂傲？在怀才不遇失意孤独时，我们能否征服自己的消沉？在手握权柄前呼后拥时，我们能否征服潜在的浅薄？在面对闹市喧嚣时，我们能否征服自己的浮躁？在生活安逸时，我们能否征服自己的懒惰？在种种诱惑面前，我们能否征服自己的贪婪？在面对各种矛盾、纠葛容易感情用事时，我们能否征服自己的冲动……

征服自己是自我反省、自我检讨；征服自己也是自我警惕、自我鞭策；征服自己更是自我批评、自我纠正。能否征服自己，往往因人而异。

自知者有自知之明，他们勇于征服自己；自尊者视尊严高于一切，他们敢于征服自己；自爱者懂得自珍自爱，他们勤于征服自己；自信者坚信一切缺点都能克服，他们乐于征服自己；自强者深知战胜自己比战胜对手更重要，他们忙于征服自己。而自负者妄自尊大、目空一切，他们看不到自身的毛病，因此他们觉得不需要征服自己；自卑者妄自菲薄，缺乏完善自我的信心，因此他们不敢征服自己。自欺者自我麻醉，对自己的缺点视而不见，他们不会征服自己。

征服自己没有他人的参与，没有人约束，没有人监督，没有人点拨，甚至没有人喝彩，一切斗争和过程都展开在内心和灵魂深处。因而，征服自己是对每个人最严峻的考验。征服自己需要高度的自觉，需要极大的勇气，需要坚韧不拔的毅力，需要持之以恒的意志。征服自己的过程就是珍珠在砂石的磨砺中痛苦孕育的过程，如果缺乏这种精神，恐怕难以征服自己。

懂得征服自己是一种清醒；善于征服自己是一种智慧。征服自己，改造主观世界，能够促进自我修炼和完善，促进自我提高和升华，使你真正走向成熟。赢得一种内在的力量，从而推动人生走向成功、趋于圆满。

而一个从不主动去征服自己，一味“跟着感觉走”的人，便很难去征服世界，很难创造人生的辉煌。看看那些成功者，我们不难发现，他们既是征服世界的好手，更是征服自己的典范。贝多芬在失聪的情况下，如果不是他勇于征服自己——征服挫折时的脆弱，征服不幸时的绝望，他又如何能创作出《命运交响曲》的不朽乐章？美国知名的篮球教练伍登曾经让加州大学洛杉矶分校在9年内赢得8次全国总冠军。他的成功来源于对自我的积极征服。每晚睡觉前，伍登都要对自己说：“我今天表现得非常好，明天还要努力，表现得比今天更好。”有人问他：“为什么你看事物的角度总是不同于一般人？”伍登微笑着说：“因为我看到的是我‘内心的风景’。”他用征服自己的力量激发出生命的潜能。

爱默生说：“我们最强的对手，不一定是别人而可能是我们自己。”我们要让自己的人生更有价值，就应当时刻牢记：征服自己。

要正确定义成功

成功是每个人的梦想，而每个人也有每个人的有关成功的定义。广大的中小学生正处于对成功渴望的年纪。此时，他们尚未对成功的定义有深切地了解，同时在外界媒介的推动下，又渴望迅速成为自己想要成为的人，同时又没有稳定性，总是不停地转换。

看到电视中在播出平凡人走向明星的路程的时候，他会想将来成为一个明星；某一天当他看见宇航员升上太空，并具有不同一般的宇宙生活的时候，又开始想要成为一名宇航员。

在这样的情况下，广大的中小学生一定认清，成功人生的界定没有一定之规，你可以成为比尔·盖茨，可以成为爱因斯坦，可以成为克拉克·盖博，当然也可以成为一名普通的劳动者。关键在于你要对自己从事的事业投入自己的热情和精力，在这个领域内想办法做得更出色，至于能否出人头地，并不是最重要的，重要的是自己要觉得快乐，有成就感，你的人生就是幸福的。

人生有理想是正确的，尤其是青少年，大家的人生还没有真正开始，因此我们的人生也焕发出千变万化、神秘的色彩，对大家来说，任何都是可能的，同时也要告诉自己，人生的理想也需要自己不停地奋斗才能得到。例如想多赚钱，成为百万富翁是一个好想法，但这是要靠劳动的付出换取的。天下永远没有免费的午餐，也没有天上掉馅饼的故事，每个人的成功都是经过自己艰辛的努力获得的，即使是一夜成名，也是经过了多年的努力。

在这一方面，单靠青少年学生自己的力量还是不够的，还需要广大的家长来帮助孩子们。

美国的石油大亨洛克菲勒家族是美国的亿万富翁，当然有的是钱，但这个家族的孩子却从小都要接受节约教育和劳动教育。每个周末，家长给孩子们发放几十美分的零用钱，怎么花由孩子们自己决定，但必须记在小账本上，以备家长查询。

零用钱不够，家长就鼓励孩子们自己挣钱。星期天，孩子们便忙着去拔草、打扫花园或擦皮鞋。美国孩子经常从父母那里听到的口号是："要花钱自己挣!"许多孩子通过修剪草皮或照看小孩儿等工作挣钱，不仅有了劳动的体验，而且对金钱的价值也理解得更深了一些。

回头看看我们自己，中国从来不缺口号，"自力更生"、"奋发图强"、"艰苦奋斗"等，类似的口号我们喊得太多太多了。这些口号本身的意义绝不逊色于美国的"要花钱自己挣"，但是，中国的家长们却缺乏美国家长们去实施这些口号的勇气，也许在许多成年人的眼里，口号只是口号。

另外，在现代家庭中也有不少家长经常对孩子训导"你一定要成为某某"，其实这也是一种错误的思想。作为家长，一定要了解子女的性格特点和爱好专长，鼓励他们在自己擅长、感兴趣的领域有所发展，切不可把自己年少时的遗憾强行放在孩子身上弥补，或是根据当前的社会情况强迫孩子向他不喜欢的某一方面发展。这里不妨再借用中国的一句俗语"看他是不是这块料"，揠苗助长只能适得其反。

孝亲敬老拳拳心

孝敬，作为中华民族传统美德之一，在古代就有了专门的规定。春秋以前有礼法规定：肉食一般用于祭祖，所以连贵族平日宰杀牛、羊等牲口都受到限制，普通人就更难以得到肉腥了，但 70 岁以上的老人却有食肉的资格。这就是说，70 岁的老人可以享受敬神一样的礼遇。据甘肃出土的《王杖诏书令》汉简记载：年龄在 70 岁以上的老人，由朝廷赐予"王杖"。这是一种顶端雕刻有斑鸠的特别手杖，持王杖的老人在社会上享有优待与照顾，他们的社会地位相当高，如果有人侮辱持"王杖"的老人，将按蔑视皇上罪处以死刑。

孝敬父母，就是真诚地发自内心地对父母尊敬、爱护、赡养和侍奉。这是为人的根本。"百善孝为先"，我国古代杰出的思想家、教育家把孝敬父母放在教学的第一位，强调从根本上、从思想感情上去施行孝道。孟子也说："孝子之至，莫大乎尊亲。"

据《左传·隐公元年》记载：有个叫颍考叔的小官求见郑庄公。郑庄公赏他饭吃，他把肉片放在一边舍不得吃，庄公问他为什么不吃肉，他回答说："我有个老母亲，从来没吃过您赏赐的这样美味的肉食，请允许我拿回家去敬奉我的母亲。"郑庄公听了非常感动，颍考叔的所作所为在别人眼里是十分高尚的，因为他能够自觉地敬奉老人。

黄香，是东汉时代江夏人，他9岁死了母亲，父亲又年老多病，生活十分艰苦。但黄香对落在他肩上的家务劳动毫无怨言，还尽量地关心体贴父亲，一切不让父亲操心。每到夏天骄阳似火，他们的茅屋里暑热难耐，小黄香为了让父亲休息好，晚饭后总是拿着扇子把父亲屋里的蚊子苍蝇扇跑扇净，还扇凉父亲睡觉的床和枕头，使父亲早些入睡。在寒风刺骨的冬夜，他给父亲铺好被子之后还先钻到被窝里把冰冷的被窝温暖，才让父亲睡下。9岁的小黄香的孝行，不但得到邻里的赞扬，还得到皇帝的嘉奖。人们称他是"天下无双，江夏黄童"。

在我国古代的史书、诗词、戏剧、小说及民间传说中，也有着大量表现子女侍亲至孝的内容。如《水浒传》中的李逵，这个动不动就抡板斧的黑旋风，是一个孝子。他上梁山后过上了好日子，便不远千里回到家中想把他的老母亲接上山享几天清福，母亲年岁太大走不动了，他就背着母亲走，为母寻水解渴，不想老母为虎所害，他为母报仇，冒死杀死4虎。

居住在我国湖南、贵州、广西毗邻地带的侗族，在其内部人人共同遵守的习惯法中就有"要尊敬老人"的法规。他们认为："人无两次年十八，个个都有年老时，今日你敬老人，明日儿孙敬你。"侗族历来注重对青少年进行尊敬老人的教育，年年岁岁长期的熏陶自然而然养成了尊敬老人的道德风尚。

居住在我国新疆的一些少数民族对长辈都很尊敬。维吾尔族、哈萨克族、柯尔克孜族等少数民族，在走路或骑马途中，如果遇到长辈人，总要恭敬地让路请长辈走在前面或请长辈骑马、自己牵马走；回到家时，要先请长辈进门；吃饭时，要把长辈安排在上座，饭菜要先敬给长辈，然后大家才吃饭。

在云南卡多山区一带的哈尼族，每年的农历冬月十五，就欢度他们传统的“老人节”。过节的这天，在聚会庆贺的场地上，小伙子们栽上青松树，全村寨的老人们都陆续会聚到树下，人们弹起三弦琴，跳起庆贺舞。跳舞结束后，请老人们轮流讲述一年来年轻人对他们的尊敬、赡养情况，人们听完每位老人的叙述后，对那些尊敬、爱护老人的年轻人给予赞扬，对于那些不孝敬老人的年轻人给予批评。这些习俗都反映了中华民族大家庭中各族人民共同拥有孝亲敬老的美德。

孝敬不仅表现在奉养老人上，还应发自内心地尊敬爱护老人，虚心听取老人的意见，正确对待父母的错误和不是。中华民族的敬老爱老之心不仅仅表现在家庭内部，已经推己及人，从家庭内部延伸到了社会。广大中小学生作为青少年，不仅要孝敬自己的亲生父母，同样要以这种心孝敬和爱护社会中所有的长辈。孟子所说的“老吾老及人之老”就是这个意思。子女的生命来自父母，子女是父母所养、所育，子女孝敬父母是天经地义的，一个人不孝敬父母，是不可能与兄弟、亲友、师长、同学处理好关系的。

在21世纪的今天，我们更应意识到孝亲敬老的社会意义。孝敬父母是社会主义道德的基础，不孝敬父母为社会主义道德规范所不容。中小学生虽然还靠父母抚养，但从小应懂得“孝敬父母光荣，不孝敬父母可耻”的道理，做一个体贴、关心、尊敬、热爱父母的好孩子。

亲善邻里得敬重

中华民族历来有“和为贵”的思想。“和为贵”也是理想人格的重要表现之一。孔子说：“礼之用，和为贵。”孟子说：“天时不如地利，地利不如人和。”《孟子·公孙丑下》中说人之间应相互理解、体谅、和睦相处。特别是邻里之间，它是人们居家生活中比屋相连、守望相助的小型自然群体，因此邻里关系非常重要。

俗话说："远亲不如近邻"。古人讲究与邻为善，亲善邻里，在处理邻里人际关系时，提倡互敬互爱，互助的道德要求。早在春秋时期的《诗经》就有"风民有表、匍匐救亡"的诗句，描述了当时一位普通妇女在邻里遭遇凶祸时尽力救助的动人情景。

一个人只要在社会上生活，只要不离群索居，总是要在街坊邻居中同他人或其他家庭发生邻里关系。好的邻里关系对人的成长和社会的稳定作用是极其重要的，中华民族和睦邻里的美德主要表现在两个方面：一是关心邻居，互相帮助体贴；二是礼让待邻，和睦相处。

唐代诗人杜甫，因安史之乱回到老家四川夔州，住在一所草堂里，草堂前有几棵枣树，每到秋天果实累累，这时他的邻居——一个老寡妇常来打枣充饥，杜甫常任她去打，从不干涉。

有一年杜甫搬家便把房子让给了一个姓吴的亲戚住。这个亲戚来了以后就围上篱笆，以防老妇人打枣。杜甫得知此事之后写了一首诗委婉规劝他的亲戚不要这样做，这便是那首著名的七律诗《又呈吴郎》："堂前扑枣住西邻，无食无儿一妇人。不为困穷宁有此，只缘恐惧转须亲。即防远客虽多事，便插疏篱却甚真。已诉征求贫到骨，正思戎马泪盈中。"

从这首诗，我们不仅看到了杜甫对穷苦邻居的关心体贴，还可以透视到中华民族关心体贴、和睦邻里的美德。

朱冲是晋代南安人，他为人厚道，好学沉稳，因家境贫寒，不得不常常到田间做农活。他家的邻居是个性情粗暴的人，一次家里丢失一头牛犊，认定朱冲家的牛犊是他的，便牵走了。后来，邻居家又在树林中找到了丢失的牛犊，非常惭愧，便把朱家的牛犊送回朱家。另外，这个邻居的牛还常跑到朱冲家的田里去吃庄稼，朱冲不但没把牛打跑，反而将牛牵到一根柱子前绑好，还割了一大把青草喂牛。这个邻居见朱冲如此厚道，更加惭愧，在朱冲行动的感召下，那个人逐渐改掉了他粗鲁的脾气，与朱冲成为好邻居。

在我们的现实生活中，居家过日子，总有出现困难的时候，这时大家必须互相帮助，才能渡过难关。邻里之间朝夕相处，一人有难，众人伸手帮，而远方的亲人可能鞭长莫及，"远亲不如近邻"就是这个意思。

清代有个“六尺巷”的故事，说的是康熙年间，当朝宰相张英家人打算扩大府宅，便让邻居叶侍郎家让出三尺地面。叶家也不好惹，不买张家的账，张英的夫人就写信到京让张英出面干涉，张英对家人倚官欺人的做法很不满意，写了一首诗回答夫人：千里家书只为墙，让他三尺又何妨？万里长城今犹在，不见当年秦始皇。

夫人看信后，按他的意思命家人后退了三尺筑墙。叶家受到了感动，也将院墙后退三尺。结果在张、叶两家之间让出一条方便乡邻的六尺小巷。

于是就有市井歌谣云：“争一争，行不通；让一让，六尺巷。”“六尺巷”能成为口碑，说明我们中华民族对邻里之间礼让行为的重视。

如何处理邻里关系是一个摆在人们面前的永恒的问题，虽然我们传统的伦理善恶观中有着它不变的价值，但如今由于市场经济的负面影响，人际关系上只讲竞争、利己，不讲互助、利他，人们普遍产主孤独、冷漠感。这就从反面说明了中华民族的人伦和谐在现代社会生活中的价值和意义。

在为人处世中保持良好的心态

每个人都不完美

有一个高中生说："我老是将自己的各项素质与班上最好的同学比，我觉得自己学习能力不行、交际能力不行、动手能力不行、文体活动能力不行、勤奋程度不行……凡是想得到的项目，都有一个或数个比我强的人，为什么我样样不行？我觉得这个世界对我太不公平了！"

这个同学陷入了自我评价的误区。不能客观地认识和评价自我的情况有许多种，最明显的是对自我的苛求和追求完美。尽管追求完美乃是人类健康向上的本能，但过分追求完美则易引起自我适应障碍。

追求完美的青少年对自己有过高的要求，期望自己完美无缺，却不顾自己的实际状况。此外，很多中小学生不能容忍自己"不完美"的表现，对自己"不完美"的地方过分看重，甚至把人人都会出现的、人人都会遇到的问题都看成是自己"不完美"的表现，总对自己不满意，从而严重地影响了自己的情绪和自信心。

这部分中小学生对自我十分苛刻，只接受自己理想中的"完美"的自我，不肯接纳现实中平凡的或有缺点的自我，其后果往往适得其反，使大家对自我的认识和适应更加困难。产生的原因有不真正了解自己，过分受他人期望的影响等。

这些对自己要求苛刻的中小学生很容易产生自卑感。自卑感是对自己不满、否定的情感，往往是自尊心屡屡受挫的结果。这类同学自我认识不客观，往往只看到自我缺点而忽视了自己的长处，不喜欢自己，不能容忍自己的缺点和弱点，否定抱怨，指责自己，看不到自己的价值或夸大自己的不足，感到自己什么都不如他人，处处低人一等，丧失信心，严重的还可能由自我否定发展为自我厌恶甚至走向自我毁灭。

在学校里，课业的各种成绩评定或是校内外的各类活动，人与人之间比赛竞争而定胜负、争荣誉的情况是无法避免的。而且，如果从能力、成绩、特长以及身体、容貌、家世、地位等所有条件相比，没有一个同学是永远胜利成功的。每个人在不同层面上都有他自己的成败经验，己不如人的失败感受人皆有之，只是程度不同而已。但有的同学过度自卑，斤斤计较于自己的缺点、不足和失误，结果因自卑而心虚胆怯，凡有挑战性场合即逃避退缩，或对自己所作所为过分夸张、过分补偿，唯恐天下不知，其结果捍卫的是虚假的、脆弱的、不健康的自我。

事实上，过强的自尊心和过强的自卑感是密切联系、互为一体的。那些自尊心表现得越外显、越强烈的人往往是极度自卑的人。自尊心、自卑感过强会影响青少年的心理发展和人格成熟。

为了改变过度自卑，我们应该怎么做呢？

1. 应对其危害有清醒的认识，有勇气和决心改变自己。应客观、正确、自觉地认识自己，无条件接受自己，欣赏自己所长，接纳自己所短，做到扬长避短。还要正确地表现自己，对自己的经验持开放态度，同化自我但有一定的限度。根据经验，调整对自己的期望，确立合适的目标，并区分长期目标和近期目标，区分潜能和现在表现；对外界影响保持相对的独立，正确对待得失；勇于坚持正确的，改正错误的；同时要保持一定程度的容忍。

2. 要确立合理的评价参照体系和立足点。中小学生只有在比较中才能定出高低优劣。自我评价不同，可以激发或者压抑你的积极性。以弱者为参照会自大；以强者为标准则自卑。因而人应该选择合适的标准，更重要的是以自己为标准，按照自己的条件评定自己的价值。有的青少年无形中重视了别人，贬低了自己。人应该立足自己的长处，清楚接受并尽力改进自己的短处。成功时应多反省缺点以再接再厉，失败时多看到优点和成绩，以提高自信和勇气。

3. 确立目标要合理恰当。在充分了解自己的基础上为自己确定的目标要符合自己的实际能力，不苛求自己，不被他人的要求左右。虽然，每个人都不可能完全不顾他人对自我的期望和评价，但不能被他人期望所束缚，只为父母、老师或他人学习、生活。事实上，个体越能独立于周围人的期望，其自我意识的独立性就越强，所遭遇的冲突也越少。对青少年来说，必须明确自己的期望是什么，以及这种期望的来源是来自自我的本身能力和需要，还是从满足他人的期望出发。只有明确这一点，才可能真正认清自己，规划自己的发展方向，最终建立独立的自我。

4. 接纳自己的不完美。人各有所长所短，每个人都是独特的，与众不同的。应欣赏自己的独特性，并不断地激励自己。

自信可以克万难

1960 年，哈佛大学的罗森塔尔博士曾在加州一所学校做过一个著名的实验。新学年开始时，罗森塔尔博士让校长把 3 位教师叫进办公室，对他们说："根据你们过去的教学表现，你们是本校最优秀的老师。因此，我们特意挑选了 100 名全校最聪明的学生组成 3 个班让你们教。这些学生的智商比其他孩子都高，希望你们能让他们取得更好的成绩。"

3 位老师都高兴地表示一定尽力。一年之后，这 3 个班的学生成绩果然排在整个学区的前列。这时，校长告诉了老师们真相：这些学生并不是被刻意选出的最优秀的学生，只不过是随机抽调的最普通的学生。老师们没想到会是这样，都认为自己的教学水平确实高。这时校长又告诉了他们另一个真相，那就是，他们也不是被特意挑选出的全校最优秀的教师，也不过是随机抽调的普通老师罢了。

这个结果正是博士所料到的：这 3 位教师都认为自己是最优秀的，并且学生又都是高智商的，因此对教学工作充满了信心，工作自然非常卖力，结果肯定非常好了。在做任何事情以前，如果能够相信自己的实力，就等于已经成功了一半。

一个人如果对自己的能力表示怀疑，就没有内在的动力和坚忍的毅力，就不能战胜困难，攀上理想的高峰。自信是来自内心的对自己的能力、实力的强烈的感觉。在一次记者招待会上，几名记者问爱迪生取得成功的主要秘诀在哪里。

爱迪生回答说："我在任何时候，在任何情况下，都不允许自己灰心丧气。"在他一直实验什么材料最适合做灯丝时，经历了一次又一次的失败，在别人看来已经没有希望成功的情况下，依然不放弃。最后，经过一次又一次的实验后，终于发现"钨"是最适合做灯丝的材料。也正是这时候，他的一句话也成了名言："如果有一千次的失败，那也就是有了一千零一次的机会。"

相信自己的实力，并不是一件简单的事。当大家觉得做一件事很简单的时候，很可能是因为自己对于这件事情已经有了充分的了解与把握。但是，这对其他人而言，可能会是一件很难处理的事情。同样，有一些你认为很难处理的事情，对于有些人来说却是易如反掌。正所谓闻道有先后、术业有专攻，因此，放松心情面对任何你需要处理的事情，不要害怕结果会如何。

首先，广大的中小学生在心态上必须将不需要多少努力就可以快速处理完成的事情，转换成可以为大家带来极大成就感的事情。这就好像中小学生在学校考试的时候，能够越早正确答完考题的人，越会受到其他同学羡慕的道理一样。

要使自己从那些你容易处理完的事情中感受到光荣与骄傲，因为每个人与生俱来一定会在某些领域具有较高的敏锐度与天赋，而在其他的领域里，可能就必须多花一点时间去学习，才能取得成效。所以请不要浪费时间了，能尽快解决的事情就赶快行动，干净利落地将它解决，把多余的时间节省下来，多学习一些新东西，吸收一些新知识，将"事半功倍"奉为最佳处事原则，相信同学们一定会受益匪浅。

当广大的中小学生做好自己的事情之后，就会渐渐地发现自尊、自信的感觉会越来越强。这时同学们还应该再接再厉，做好个人生涯的规划。这种规划大致可分为两个阶段：一是清楚地将自己做一明确的定位；二是再根据现阶段的定位，拟定出未来的发展计划。对于自己而言，大家所面临的最大挑战，是在第一阶段的时候。我们平常之所以不容易做出自己的定位和规划，最本质、最主要的原因是由于最惧怕面对自己，尤其是赤裸裸地面对自己，尤其是面对自己过去的种种弊病。

由于我们一般情况下都对自己报以宽容的态度，不忍心指责自己，所以总是寄希望于未来。并且，对于一些没完成的事，无论是何原因，大家都会找出一大堆理由来搪塞，以粉饰事情的真相，千万记住，这种习惯正是同学们无法放眼未来的最大阻力。

同学们若不愿设定人生的目标，规划自己的未来，以避免未来达不到自己所设定的目标，将丧失自信心、丧失自尊，最终一事无成。

很多同学就好像是一位偏离箭靶的射手，会在箭射中的地方，圈上一个箭靶的红心，以表示射中了目标。拥有这种心态的同学会想尽办法淡化失败，其结果呢，是完全受命运任意摆布，就这样一直自欺欺人下去。如果大家无法重新开始，好好地面对自己，稳操自己生命的罗盘，那么，根本就谈不上要做什么生涯规划了。假使以上几点同学们都能克服，那么自尊与自信便不自觉地产生出来。

许多失落的感觉是源于自信心的缺乏，所以我们应该从建立和增强自信心来着手。首先，将自己的所有优点尽量写下来，贴在镜子前面，然后在每一天结束以前，挑出大家觉得自己最值得骄傲的那一项，自我陶醉一番。通过这样反复的练习，经过一个月后，当再回过头看那一张清单的时候，同学们会恍然发现，原本自己是这么的出色。

突破虚荣的笼罩

华丽的外表无法掩饰内心的空虚，一个爱慕虚荣的人很难有多大的成就，因为他们总是把一些浮在表面的东西作为提高自己地位的条件，而不是扎实的生活和工作。

贪慕虚荣是人性最普遍的弱点之一，稍不留意就会走进贪慕虚荣的怪圈。虚荣，是阻碍广大中小学生进步的最大敌人。因为它，同学们过分重视追求表面上的光彩，而忽略对内心的梳理。

首先，虚荣常常被人掩盖在“自尊”的美丽外衣下。虚荣的人在面对他人的质疑时，常常把自尊挂在嘴边，其实自尊与虚荣是两回事。

所有的虚荣心都是以不适当的虚假方式来保护自尊心的一种心理状态。虚荣心是自尊心的过分表现，是为了争取荣誉和引起普遍注意而表现出来的一种不正常的社会情感。

一个人希望别人看得起自己，想得到自尊心上的满足，这本是人之常情，也可以说，这是我们每一个人始终不懈努力的一个人生动力。但是为了达到同样一个目的，别人采取的办法是不懈地奋斗，而我们又怎么可以选择通过虚荣心来满足自尊心这条“捷径”呢？一个人本身无能，却希望得到那些有能力的人所受到的待遇，于是不断通过制造一些假象来迷惑自己也欺骗别人。这样的人也许会得到暂时的满足和喜悦，而那些藏在浮华表面的无能和丑陋还是会时时刺痛自己，终究有一天会败露出来。

所以，与其炫耀那些嘴上说的、但事实上却子虚乌有的所谓的才能，不如静下心来认认真真地做点事情，使自己的内心回到正确的轨道上去。

其次，虚荣常常让人自以为是、目高于顶，总觉得自己很了不起。虚荣的人常不愿意直接面对问题，不愿诚恳地面对生活和别人，反而造成尴尬。

有一个博士生分到一家研究所，成为所里学历最高的人。有一天他到单位后面的小池塘去钓鱼，正好正副所长在他的一左一右，也在钓鱼。他只是微微点了点头，心想与两个本科生有啥好聊的呢？不一会儿，正所长放下渔竿，伸伸懒腰，噌噌噌从水面上快步如飞地走到对面上厕所。

博士眼睛瞪得都快要掉下来了。水上漂？不会吧？这可是一个池塘啊！正所长上完厕所回来的时候，同样也是噌噌噌地从水面上飘回来了。怎么回事？

博士生又不好意思去问，自己是博士生啊！过了一阵儿，副所长也站起身来，走几步，噌噌噌地飘过水面上厕所。这下子博士更是差点昏倒："不会吧，到了一个江湖高手集中的地方？"博士生也内急了。这个池塘两边有围墙，要到对面厕所非得绕10分钟的路，而回单位上厕所又太远，怎么办？博士生也不愿意去问两位所长，憋了半天后，也起身往水里跨：我就不信本科生能过的水面，我博士生就不能过。只听"咚"的一声，博士生栽到了水里。两位所长将他拉了出来，问他为什么要下水，他问："为什么你们可以走过去呢？"

两所长相视一笑："这池塘里有两排木桩子，由于这两天下雨涨水正好埋在水面下。我们都知道这木桩的位置，所以可以踩着桩子过去，你怎么不问一声呢？"

虚荣就是这样，让人们把自己看得"高高"的，然后重重地摔在地上，本来是为了获取面子，其实却出尽洋相。

虚荣是虚妄的荣耀，是无知无能的人想依赖而实际上最不可靠的心灵稻草。有个故事说，一只高傲的乌鸦非常瞧不起自己的同类，它竟到处寻找孔雀的羽毛，一片一片地藏起来。等搜集得差不多了，它就把这些孔雀羽毛插在自己乌黑的身上，直到将自己打扮得五彩缤纷，看起来有点像孔雀为止。然后，它离开乌鸦的队伍，混到孔雀之中。但孔雀们看到这位新同伴时，立即注意到这位来客穿着它们的衣服，忸忸怩怩，装腔作势，并企图超过它们，大伙都气愤极了。它们扯去乌鸦所有的假羽毛，拼命地去啄它，直啄得它头破血流，痛得昏倒在地。

乌鸦苏醒后，不知该怎么办，也不好意思回到乌鸦同伴中去，想当初，自己插着孔雀羽毛，神气活现的时候，是怎么地看不起自己的同伴啊！最后无奈，它还是老老实实地回到同伴们那儿。但谁也不理睬它，大伙一起高高飞走了，只留下那只梦想当孔雀的乌鸦。

过分的虚荣心会让人生活在表演之中，渐渐地觉得活着就是为了吸引别人的注意，得到别人的赞美，于是渐渐地失去自己。它会使人丧失理智，盲目追求那些本不属于自己的东西，会因此吃尽苦头。虚荣就像是一种慢性病，它不会一下置人死地，可是会慢慢地折磨人，让人痛不欲生。

事实上每个人看到名车、珠宝和华贵的衣服时都会怦然心动。可是如果认为那些奢侈品带来的视觉享受远远不如戴上它让别人觉得自己是个有地位的人那样愉快时，这个人的虚荣心就有些过头了。

虚荣心强烈的人，内心深处是很空虚的，因为很多时候，他们不得不打肿脸充胖子，于是内心也就不可避免地感到痛苦焦虑，连最起码的心安都失去了。如果一些同学已经有了爱慕虚荣的苗头，那么，大家一定要尽早抛弃虚荣这个包袱，因为每个人都不是为了别人而生存的，不必在别人的目光里虚伪地生活。

应消除嫉妒心理

嫉妒是以极端自私自利的人生观为核心，打击别人、抬高自己的一种做法。嫉妒者对别人总是存在一种仇恨心理，看到别人的才华、美貌、成绩高于自己时就恼怒，千方百计去诋毁别人。嫉妒心理的危害性极大。无论是嫉妒者，还是被嫉妒者，都会因嫉妒造成心灵的伤害。

对于被嫉妒者而言，不少人因为被嫉妒而蒙受不白之冤。历史上诸如孙膑致残、韩非致死、屈原流放、柳宗元被贬等，除了社会政治原因以外，都是受嫉贤妒能者的迫害所致。对于嫉妒者而言必定是损人不利己。《三国演义》里的周瑜，年轻有为，才华横溢，唯独斗不过诸葛亮，因此心生嫉妒，欲置诸葛亮于死地。结果没有杀成诸葛亮，自己却带着怨恨和气愤早早死去。正像俗话所说“搬起石头砸自己的脚”一样，嫉妒者以害人的目的开始，以害己的结果而告终。

嫉妒心理是人类最黑暗的心理。嫉妒心强的人，首先在心理上就是一个弱者，是一个小心眼的人，是一个自卑的人。正因为自卑，所以才嫉妒。这种自卑感像恶魔一样纠缠着嫉妒者，使他不得不运用强烈的心理防御手段来保护自己。

有强烈自卑感的人常常会计算理想与现实的差距，去嫉妒那些已经取得理想成就的人。

心理学家还发现，过度自尊的人容易产生嫉妒。卓别林去世后 2 个月，他的女儿向新闻界披露了一件令人意外的事情。卓别林曾以制片人的身份主持过一部《海的女儿》的拍摄，导演是一位当时没有什么名气的人，该片拍完后，卓别林把它锁进保险箱，一直没有上演。直到死前，他把唯一的拷贝给毁了。他的女儿说："因为它太好了，父亲无法忍受别的导演的成功。"这是由于过度自尊而产生嫉妒，又用维护自尊的方式表示嫉妒的表现。

虚荣心强的人也容易产生嫉妒。这种人喜欢表现自己，喜欢与别人攀比，往往用自己的优点与别人的弱点作比较，凡事唯恐别人强于自己，诋毁甚至打击别人。虚荣嫉妒的人通常不愿意承认自己的过错，不愿意冷静地自我反省，对自己的落后不甘心，转而变为嫉妒。

广大的中小学生要善于积极消除自己的嫉妒心理。当大家看到同学取得了比自己优异的成绩，心里感到一丝不快，甚至心中燃起嫉妒之火时，如果能做到以下几点，心中的妒火就能渐渐地熄灭了。

1. 去掉自私自利之心。为什么别人进步了，超过了自己，心里就不舒服？关键是以自我为中心，对别人缺乏善意。要消除嫉妒就一定要"心底无私"。

2. 正确看待自己和别人。人生充满竞争，人的可悲不是他的落后和失败，而是他不能正视现实，不能正确地看待自己和别人。不服输、不甘落后是好事，但如果采取卑劣的手段超过别人，或不让别人超过自己，那么在人生的竞技场上，他将惨败而归。

3. 运用心理换位法。一旦嫉妒的阴影笼罩在心头时，你不妨设身处地地替对方想一想：要是我处在对方的位置上，会是什么感受？错误的念头萌发时，自己对它的危害往往认识不足，但如果能运用心理换位法，体验一下对方的情感，那么许多杂念、邪念都能不知不觉地被我们所抑制。

4. 将嫉妒转化为动力。每一个埋头于自己事业的人，是没有工夫去嫉妒别人的。对于别人的成绩，可以采取三种截然不同的态度：一是消极地嫉妒、诋毁、打击别人，从而抬高自己；二是持阿 Q 精神，自我安慰；三是羡慕别人，唯恐落后，奋起直追，通过自己的努力缩短彼此间的差距。只有达到第三种境界，才能说你已经将消极的嫉妒转化为积极向上的动力了。

冲出心理的障碍

人的自我心理障碍虽然各种各样，但有一点是相同的，那就是所有的自我心理障碍都是自己给自己构建的。就拿自寻烦恼来说吧，有人总是责备自己的过失，有人总是唠叨自己坎坷的往事和不平的待遇，有人念念不忘生活的烦恼和疾病带来的痛苦，时间一长，就不知不觉地把自己囚禁在“心狱”里。自寻烦恼有好多种，其中还有一种是喜欢用自己不懂的事情塞满自己的脑袋，使自己陷入紧张、痛苦之中。

有一位公司职员，老是觉得自己好像生病了，于是他就去买了本医学手册，看看该怎样治自己的病。他一口气读完了该读的内容，然后又继续读下去。当他读完介绍流脑的内容时，方才明白，自己患流脑已经几个月了。他立刻被吓住了，痴呆地坐了好几分钟。

后来，他很想知道自己还患有什么病，就依次读完了整本医学手册。这下可明白了，自己一身什么病都有！

他非常紧张，在屋子里来回踱步。他认为：医学院的学生们，用不着去医院实习了，我这个人就是一个各种病例都齐备的医院，你们只要对我进行诊断治疗，然后就可以得到毕业证书了。

他迫不及待地想弄清楚自己到底还能活多久！于是，就搞了一次自我诊断：先动手找脉搏，起初连脉搏也没有了！后来才突然发现，1 分钟跳 140 次！接着，又去找自己的心脏，但无论如何也找不到！他感到万分恐惧，最后他认为，心脏总会在它应在的地方，只不过自己没找到罢了……

他决心去找自己熟悉的医生。一进医生的家门，他就垂头丧气地说：“我没有几天活头了，我患上了所有的病。”

医生给他做了诊断，坐在桌边，在纸上写了些什么就递给了他。他顾不上看处方，就塞进口袋，立刻去取药。赶到药店，他匆匆地把处方递给药剂师，药剂师看了一眼，就退给他说：“这是药店，不是食品店，也不是饭店。”

他惊奇地望了药剂师一眼，拿回处方一看，原来上面写的竟是：

烧鸡 1 份，啤酒 1 瓶，6 小时 1 次。

5000 米路程，每天早上 1 次。

他照这样做了，一直健康地活到今天。

这位职员幸亏治疗及时，否则一定会被自己设置的自我心理障碍所羁绊，最后非患上病不可。

现实生活里，有不少人喜欢用自己不懂的事情塞满自己的脑袋，把一些不相干的事与自己联系在一起，造成严重的心理障碍。殊不知，不懂的事，就是不理解，不理解的东西是自己无法判断的。如果盲目地相信某些毫无根据的感觉，使自己失去理智的判断能力，最后受害的就是自己。

设置自我心理障碍是一种对自己缺乏认识的不健康心态，在这种不健康心态支配下，存在自我心理障碍的人往往对自己的未来缺乏自信心，总是为自己不顺利的处境寻找一个开脱的理由：“我的运气不好”，“我没有一个好爸爸”，“我家太贫穷”，一些学习成绩差的同学常常对自己产生怀疑：“我不太精明”，他已经习惯了怀疑一切，你要让他相信自己努力奋斗几年学有所成，他有这个信心吗？

自我心理障碍对人的健康危害极大，人的神经性疾病大多都与“心狱”有关，严重者则会造成精神失常，甚至自杀。

有人说，自我心理障碍是很难攻破的。这话只说对了一半，我们应该明白，你的自我心理障碍既然是自己设置的，那么你自己就有跳出自我心理障碍的本能。这种本能就是精神意志的力量。有了这种力量，什么样的自我心理障碍都可铲除。

广大的中小学生要想取得成功，那就必须鼓足勇气冲破自我心理障碍！

冲出孤独的心理

一个高中生曾向医生求助说：“我是一个高二的学生，上高中后，我越来越不愿与人相处，常乐于把自己封闭在一片小天地中，随之而来的是我经常被孤独所缠绕。就这样，在独处中备受孤独之苦，这是一种男生成长发育中正常的心理现象吗?”

其实，青少年在成长发育过程中是要经过一段心理闭锁期的。在这一时期，有人就会表现出较强的孤独心理。上面这位中学男生的孤独情绪显然是由于自我封闭引起的。从小学升入初中后，大部分学生心理都会发生这样的变化：越来越不愿意将自己的心事告诉家人、老师和同学了。

随着年龄的增长，青少年开始观察自我、分析自我。中小学生都喜欢写日记，因为记日记就是用“观察者——我”的眼光来观察、评价我的过程。在一段时间内，同学们会认为是在研究自己的内心世界，与他人无关，也不想让他人了解。

另外，中学生由于性意识的萌芽，开始关注自己的生理变化，对异性产生了神秘的好奇。然而，这一切似乎又与父母或老师所传授的“道德准则”相冲突，因此觉得害羞、自责，只能独自一人品味青春期的苦涩滋味。

长期的自我心理封闭容易沉积为个性的一部分，会使自己变得日趋内向、孤僻、多疑和敏感。文学家曾有过这样的描写：孤独、不合群的心灵就像一只夜蝙蝠总是躲在幽暗处，那是被欢乐遗忘的角落，是苦恼与烦闷的王国。

广大的中小学生渴望同学的友谊，渴望被集体所接受和认同，渴望人际关系的和谐。反之，便会导致强烈的失落感而关闭自己的心扉。不和谐的人际关系和消极的挫折反应会导致一个人更加的自我封闭，在单调沉闷的心理幽谷里变得忧郁、焦虑，甚至歇斯底里。

那么，陷入孤独的中小学生该如何冲出这种孤独的心理呢?

1. 加强自我认识。老子说：“知人者智，自知者明，胜人者力，自胜者强。”对自己的个性、气质、能力、情感、价值取向等都有充分的了解、认识，这样才能找好自己的坐标，才能把握好自我，才不会迷失自我，也就不会那么在意他人的评价，也不会人云亦云。

如果同学们不能融入这个集体，首先应从自身找原因。继续保持原有的个性肯定无助于现状的改变，要学会摒弃个性不好的一面，如自大、以自我为中心、说话行事无分寸感等。同时发扬个性中良好的那一面：热情、活泼、大方，助人。对人对己保持一个平和的心态，既不能自负，也不要过于自卑。

2. 要有豁达的胸怀。学校并不是一片净土，社会上各种五光十色的价值观都会折射到学校来，这不奇怪。用一个理想化的标准去衡量所有的人，必然会感到失望甚至愤世嫉俗。所以对外界的期望值不要过高，要多看到人的主流一面，人心向善的一面。对非原则性的问题，学会谦让、不计较、不理会，对他人的取笑、讥讽，一笑了之，或幽他一默，要想到大多数人并非是有意伤害你的。

3. 学会聆听。通过聆听，可以了解别人的想法、感受，学人所长，否则自顾自地滔滔不绝、夸夸其谈，一来会冷落、忽视他人，二来言多必失，使自己处于被动地位。别人觉得与你交往索然无味，自己也感到与人难以相处，无法融入集体之中。

4. 体察他人的需要。从别人的表情、坐姿、体态等肢体语言来判断别人的情绪、需求，并准确地推测别人的行为，选择对方感兴趣的话题，站在对方的角度上，设身处地替别人着想，“以己之心，推己及人”。这样可减少许多误会和不愉快的冲突。别人觉得你善解人意，也就乐意与你相处。

5. 学会控制自己的情绪。一方面我们要学会适应环境，另一方面我们可以控制自己的行为和情绪，保持良好的情绪状态，以此影响和感动别人的行为和情绪。在提出自己的看法或意见时，要注意说话的方式、语气，既让别人能接受，又能很好地表达自己的意愿。

6. 要学会赞美他人。在学会发现周围人身上的闪光点的同时，真心实意地表示你的赞赏，而对他人给予的帮助和赞美要及时表达你的感激之情。另外，同学们还可以和兴趣爱好各异的人结交朋友，如球友，书友、棋友等等。

理性地面对挫折

中小学生初出茅庐、涉世不深，在以往的成长过程中，顺境多、逆境少，成就感强，挫折体验少，绝大多数学生没有经历过人生大风大浪的洗礼，生活阅历浅，对可能遇到的挫折缺乏心理准备，对挫折的承受能力和应对能力都比较弱。

考试失败是中小学生经常会遇到的事情，由此在一段时间内感到痛苦、紧张、焦虑、情绪低沉也是正常的情绪反应，但如果长期陷入情绪低沉状态不能自拔，甚至一蹶不振、自暴自弃，就会对正常的生活、人际交往和学习产生不良影响，甚至可能导致情绪障碍和身心疾病。

生活中，每个人都会不断产生各种各样的需要，一般包括生理需要和社会需要，如人体内缺乏水分，感觉渴，于是就会产生补充水的需要；人缺少朋友，感觉寂寞，就会产生交往的需要等。需要是人活动的基本动力和源泉，在需要的推动下，人们就会产生动机，引导人们的行为指向一定的目标，并力求实现这一目标。

动机是驱使人行为的直接动力。所谓挫折就是指人们在某种动机的推动下，在实现目标的活动过程中，遇到了无法克服或自以为无法克服的障碍和干扰，使其动机不能实现、需要不能满足时，所产生的紧张状态和情绪反应。如上面的这个女生在考试失败后就产生了懊悔、焦虑、失败等情绪反应。

人类社会生活的实践表明，只要人存在着，就会产生种种需要，就会因需要得不到满足或目标无法实现而产生挫折。对于每个人来说，挫折的产生是必然的，也是普遍存在的，从某种意义上讲，挫折也是社会生活的组成部分，人们随时随地都可能遇到挫折。因此，挫折是人一生的伴侣，认识挫折、适应挫折、学会理性地面对挫折和积极地化解挫折，是每个人终生的课题。

能够客观理性地面对挫折和采取积极的方式适应挫折、化解挫折是一个人成熟的重要标志。

广大的中小学生一旦遭受挫折，在生理、心理与行为方面都会产生挫折反应，如紧张、愤怒、焦虑、烦躁、痛苦、攻击等。由于中小学生以往的挫折体验少，特别是对重大挫折体验少，所以，当遇到挫折时，所产生的情绪反应更为强烈。如何控制因受挫折而产生的强烈的情绪反应，是冷静、客观和理性地抵抗和应对挫折的基础。

广大中小学生对挫折的反应有着不同的表现，有的情绪反应强烈，有的则不明显；有的以各种偏激的行为表现出来，有的则以积极的方式来对待。一般来讲，人对挫折的反应主要表现在以下几个方面：

1. 焦虑。

焦虑是中小学生面临压力与挫折时最常见的心理反应。主要表现为情绪上的躁动不安，并伴有心悸、出汗、呼吸不均、血压升高等生理反应。一般来说，适度的焦虑对激发潜能、提高活动效率有一定的积极作用，但过度的焦虑则会给身心健康带来危害，也不利于问题的解决。

2. 攻击。

中小学生在遭受挫折时，在愤怒情绪的作用下常会表现出一定的攻击行为。攻击的形式有2种：一是直接攻击，即受挫折后将愤怒直接指向造成其挫折的人或物，如对扔了钱进去却不见饮料出来的自动售货机拳打脚踢；二是转向攻击，即不直接攻击造成挫折的对象，而是把攻击的矛头转向自己或与挫折无关的其他对象，如有的学生在学校受到老师批评后回家找自己的父母撒气。攻击虽然可以暂时发泄心中的愤怒与不满，但由此带来的后果很可能不仅消除不了原有的挫折感，还会引起新的挫折感，并给自己、他人或社会造成不应有的伤害。

3. 冷漠。

中小学生受挫后表现出对挫折情境漠不关心或无动于衷的态度。这是一种比攻击更为复杂而隐蔽的心理反应，常在不堪忍受挫折压力、攻击行为无效或无法实且又看不到改变境遇的希望时发生。冷漠并非不含愤怒，而是将愤怒压抑在内心深处，它通常比攻击对身心带来的危害还要大。

4. 自杀。

自杀是中小学生遭受挫折后的一种极端反应方式，也可以看做是受挫后针对自身的一种典型的特殊的攻击行为。

通常，自杀行为是在挫折的打击大大超出中小学生对挫折的承受能力的情况下发生的，特别是当有些同学将受挫的原因归结为自己，并对自己丧失信心，将自己作为迁怒的对象时更易于导致自杀行为。中小学生在父母的呵护下长大，成长过程一般都比较顺利，很少遇到大的挫折，对挫折的承受能力普遍较低，同时中小学生一般都年轻气盛，所以，当受到挫折的打击时，有时是很小的挫折，就会产生自杀行为。

5. 合理化。

合理化又称“文饰作用”，指通过选择一些合理的理由或事实来解释所遭遇的心理困境，以减轻精神痛苦的方式。人们常说的“找借口”、“吃不到葡萄说葡萄酸”就是这种反应方式的写照。这种反应方式的确可暂时缓解心理困扰，但多数时候会起到自我欺骗或自我麻痹的作用，影响中小学生实事求是地从根本上解决问题。

中小学生在遇到挫折以后，除了会表现上述一些情况之外，还会以其他很多消极的情绪或情况表现出来。虽然某些反应形式在一定条件下有助于青少年减轻压力与挫折带来的痛苦，但是它们不能从根本上解除你所面临的各种人生困境。为了全面提高自身承受压力、应付挫折的能力，同学们有必要尽早做出有效的自我调适，从而在各种压力与挫折面前都能采取积极主动与灵活的应对措施。

心理学家指出，中小学生只有掌握好预防与斗争两大策略，才可能充分调动自身的潜力应对任何压力与挫折的挑战。

预防策略指的是在压力与挫折到来之前所采取的策略。这类策略包括两大方面：一是如何防止或减少压力与挫折的出现，通俗地讲就是“尽可能少惹不必要的麻烦”；二是如何积蓄自我与社会的资源增强抵抗压力与挫折的能力，通俗地讲就是“练好内功，吸收外力，要打就打有准备之仗”。斗争策略指的是在压力与挫折降临之时所采取的策略。具体包括监视应激源，集中资源，搜寻解决问题的途径，调整对应激源的认知，控制不良的情绪反应等应对策略。

要摆脱焦虑情绪

在前文中我们已经提到，正常人在面对困难或有危险的任务，预感将有不利的情况或危险发生时，往往产生紧张焦虑情绪。这种紧张和焦虑并不一定是坏事，它能够促使你动员自身力量，去应付即将发生的危机。

但是，过度的焦虑往往会妨碍人恰当应对和处理面临的危机，甚至影响个体正常学习和生活。人在过分紧张与焦虑状态下，会出现心跳与脉搏加快、呼吸急促、面部涨红、注意范围狭窄、手足出汗、浑身发抖、坐卧不安、肌肉过度紧张僵硬、尿频尿急及睡眠障碍等生理心理反应，对正常能力发挥产生不良影响。持续的紧张还会导致大脑神经兴奋与抑制功能失调，影响身心健康。无论是暂时性的紧张还是持续性的焦虑，都是由于外界压力与心理压力过重、自信心不足、目标过高、能力不够、准备不充分等原因所致。严重者发展为焦虑症。

个体认知过程对形成焦虑情绪也起着极其重要的作用。有焦虑情绪的人更倾向于把模棱两可的甚至是良性的事件解释成危机的先兆，更倾向于认为坏事情会落到他们头上，更倾向于认为失败在等待着他们，更倾向于低估自己对消极事件的控制能力。促使人产生焦虑情绪的具体因素很多，归纳起来，主要有以下几种：

过多注意自己。过分注意个人形象、言行都会使人在社会场合上出现紧张，产生焦虑。

对自己过严。对自己提出过高的标准，失败时一味地责难自己、怨恨自己。

不过，广大的中小学生可以通过锻炼来缓解焦虑。首先，可以进行适当的放松训练。

放松训练包括呼吸放松、想象放松和肌肉放松等多种形式。其中，想象放松如想象繁星满天的宁静夜晚、如诗似画的秀丽风景，回忆幸福美好的经历；想象一种颜色的色光融入全身的皮肤、肌肉、骨骼、血液；想象自己是一只正在泄气的气球；想象自己的身体变得越来越温暖或越来越凉爽，等等。

肌肉放松针对的是焦虑时产生的躯体紧张状态，通过全身肌肉的放松，达到精神放松的作用。其基本要点是，依次先收紧再放松全身各部位肌肉，体会放松的感觉，每日坚持练习，最后做到可以随心所欲、随时放松。这样，感到紧张时，可以立刻进行放松练习，达到全身放松。

缓解焦虑还可以使用系统脱敏的方法。这种方法假定焦虑和恐怖是由于当事人对某种正常刺激的过分敏感而导致的心理反应。系统脱敏就是通过循序渐进的方式将这种异常心理反应逐渐恢复正常的过程。在实际运用过程中，可以参照以下步骤：

1. 确定不同的焦虑等级。例如，一个恐高症患者对于想象高度、图片高度、实际高度的恐惧程度是不同的，对于不同的实际高度其恐惧程度也是不同的。我们可以按照由想象到实际、楼房楼层高度由 1 层到 10 层的等级确定一个由不同恐惧等级构成的焦虑等级表。

2. 进行放松训练。由专业人员教给来访者一些自我放松的技巧。例如如何调整呼吸，如何控制肌肉状态，如何辨认肌肉紧张、放松的感觉，如何掌握肌肉放松的节奏等。

3. 按照焦虑等级顺序由低到高逐级进行刺激与放松的交替训练。必须注意的是，系统脱敏疗法一定要循序渐进，上一等级训练完成以后才能进行下一等级的训练。如果患者中途感到困难不能继续，应立即终止，下次再从头开始训练。每次训练后，应进行回顾和总结，找到进步之处。

此外，还可以采用自我诱导催眠、自我松弛等方法，这些自我调节的方法对不同程度的焦虑都有一定作用，当然对于焦虑症状比较严重的患者，还是需要到正规的心理咨询机构，在医生指导下配以药物治疗。

走出抑郁的阴影

抑郁是一种过度忧愁和伤感的情绪体验，一般表现为情绪低落、心境悲观、郁郁寡欢、闷闷不乐、思维迟缓、反应迟钝等。在认识上表现出自负性的自我评价；在动机上表现出对各种事物缺乏兴趣，依赖性增强；在躯体上还可表现出明显的不适感，食欲下降，失眠等。

有的中小学生在受挫后不是表现出攻击或埋怨他人，而是采取无动于衷、漠不关心的态度，有的企图逃离现实的困扰，幻想成为完全超脱的人。

其实他们内心深处的矛盾并没有解决，疙瘩并没有解开，久而久之，情绪会变得更抑郁，从而招致更多的痛苦。长期的抑郁会使人的身心受到严重损害，使人无法有效地学习、工作和生活。

抑郁情绪是青少年群体中一种比较普遍的不良情绪表现。多数情况下，青少年的抑郁情绪都可找到较为明显的影响因素，如性格内向孤僻、多疑多虑、不爱交际、生活中遭遇到意外挫折、长期努力得不到回报等都可能使他们陷入抑郁状态。

心理学家认为抑郁情绪的产生不外乎内外两大原因。外在原因有外界的重大打击或不良刺激，如环境突变、重大挫折、失去亲人或自尊心受到严重损伤等。内在原因有遗传因素和素质因素。

一般来说，抑郁症患者通常表现为性格内向乃至孤僻；过于悲观、胆小，把生活中的琐事看成是沉重的负担，比较关注事物的阴暗面。有学者认为：抑郁是恶劣情绪长期自我暗示的结果。错误的认知和不良的思维方法使中小学生只看到生活中的阴暗面，因而情绪压抑、缺少快乐。另外，对自己期望过高，对现实过于理想化，结果往往由于现实与理想差距太大，抱负与现实差距太远，一达不到期望值时，就导致不同程度的心理失衡，从而产生抑郁情绪，严重的便形成了抑郁症。

那么如何从抑郁中解脱出来呢？首先要寻找原因，调整抑郁情绪。有的同学是个性格孤僻内向的人，不妨多参加一些社交活动，试着让自己变得开朗起来；如果生活中发生了不幸，那么不要过于悲观，更不要总是给自己一些消极暗示，比如“我真没用”，“我没救了”等等，应该乐观一些，发现自己个性上的优点，运用辩证的思维去朝积极的方面想；当大家的预定目标没能实现时，应该分析一下是否目标过高，对自己的期望过高，然后及时调整目标，缩短理想与现实的差距。只要找出了导致抑郁情绪的原因，就能对症下药。

消除抑郁的方法有以下几种：

1. 培养乐观的心态。塞尼加说过这样一句话：“有些人以回忆过去折磨自己，有些人则以忧虑不幸将至而难过痛苦，这两者都可笑至极，因为一个现在与我们无关，而另一个尚未有关。”一味地陷入过去的回忆和对将来的恐惧和担心，对健康是很有危害的，因此培养乐观的心态，保持幽默风趣、欢乐轻松的情绪，对健康有益无害。若整天愁眉苦脸、抱怨连天，就很容易导致许多疾病。

2. 写日记排解。当抑郁使你困扰不堪时，不妨静静地坐下来，把自己的感受、想法、体验一一记录下来，从而把抑郁引向一个开放状态，用文字来排解心中的惆怅和郁闷。当你写完后，也许心里就会舒畅许多。

3. 向朋友倾吐。有抑郁情绪的人内心常常是自我封闭，不愿意将自己的心事告诉别人，喜欢一个人吞噬生活中的烦恼，久而久之，孤独封闭会使抑郁情绪与日俱增。如果能与老师、家长或自己的知心朋友坐下来，向他们倾吐一番心中的不快，你或许会发现别人也有与自己相类似的烦恼，将自己的心事一掏而空，抑郁情绪也就随之减弱了。另外，多参加社交活动，比如同学聚会，班集体活动等，在欢快的氛围中，试着让自己阴雨般的情绪变得晴朗起来。

4. 参加文体活动。当你抑郁的情绪难以排解时，不妨听一段舒缓的音乐，看一部很搞笑的喜剧电影，或是去打一场篮球比赛，踢一场足球，全身心地投入到运动中去，你的抑郁情绪也将会随着剧烈运动后的汗流浃背而消解不少。养成经常锻炼的习惯，是保持良好的情绪状态的一大法宝。

5. 学会鼓励自己。假如因为考试成绩不理想，父母批评了你两句，为此你感到闷闷不乐，独自一人胡思乱想，觉得委屈难过，这时不妨安慰和鼓励自己："我已经尽力了"，"下次我一定能考好"。或者当你某件事情没做好，一度陷入自责情绪时，不妨给自己一些积极的暗示："开心一些，人不可能事事顺心"，"挫折总是难免的" 等等。这样学会安慰自己和鼓励自己，就会减少许多陷入抑郁的可能性。

6. 自我放松训练。抑郁通常是由于生活中遭受挫折或意外打击，加上较孤僻内向的性格原因而陷入郁郁寡欢的情绪，因此，如果能采用想象放松法，闭上眼睛，随着一段舒缓的音乐回忆起自己过去某次成功的经历或令人身心愉悦的情景，比如运动会得了短跑第一，考试得了满分，春暖花开的春天即将来临等情景，让自己全身心地放松并愉悦起来，经常反复地做这样的练习，抑郁情绪就会大大减少。

7. 培养多种兴趣爱好。一个人如果热爱学习，能体会到学习的乐趣，那么，他学习时就会产生愉快的情绪。同时，紧张的工作，也会使你没有时间“多愁”。此外，应培养多种兴趣爱好，如音乐、舞蹈、集邮等兴趣都能将你带进一个如痴如醉的世界，让你忘记烦恼。

一切从“输”开始

现在的家庭教育中，很多父母从小就注重培养孩子的成功意识，很多中小学生都是在“你是最棒的!”“谁也没有你漂亮!”的呼喊声中成长起来的。在这样的环境中长大，广大的中小学生自然而然形成一种自我感受良好的心态，但是也容易丢失承受失败的勇气。

有一个流传很广的故事，同时也是非常著名的。在“世界第一 CEO”韦尔奇还在读高中时，非常喜欢运动，有一年他参加了一项冰球赛事。当时韦尔奇所在的塞勒姆女巫队分别击败丹佛人队、里维尔队和硬头队，赢得了头 3 场比赛，但在随后的比赛中，他们输掉了 6 场比赛，其中 5 场都是一球之差。所以在最后一场比赛，即在林恩体育馆同主要对手贝弗和高中的对垒中，他们都极度地渴求胜利。那确实是一场十分精彩的比赛，作为副队长，韦尔奇独进 2 球，他们顿时觉得运气相当不错。但是对方也攻进 2 球，双方打成 2∶2 后进入了加时赛。

加时赛开始不久，对方很快就进了 1 球，这一次他们又输了，这已是连续的第 7 场失利。韦尔奇沮丧至极，愤怒地将球棍摔向场地对面，随后头也不回地冲进了休息室。随后，整个队伍也进入了休息室，就在大家换冰鞋和球衣的时候，门突然开了，韦尔奇的母亲大步走进来。

整个休息室顿时安静下来。每一双眼睛都注视着这位身着花色连衣裙的中年妇女，看着她穿过屋子。屋子里有几个队员正在换衣服，她径直向韦尔奇走过来，一把揪住他的衣领。“你这个窝囊废!”她冲着韦尔奇大声吼道，“如果你不知道失败是什么，你就永远都不会知道怎样才能获得成功。如果你真的不知道，你就最好不要来参加比赛!”

虽然，韦尔奇遭到了羞辱，就在他的朋友们面前，但上面的这番话韦尔奇从此就再也无法忘记，因为他知道，是母亲的热情、活力、失望和她的爱使得她闯进休息室。她不但教会了韦尔奇竞争的价值，还教会了他在前进中接受失败的必要以及勇于挑战的勇气和信心。正是在母亲的引导下，韦尔奇表现得积极上进，他激励着自己在学习和工作的每一步都做到最卓越，最终他成为“世界第一 CEO”。

任何一个人的人生都会出现不可逃避的困难和失败，而现代社会更是一个激烈竞争的社会，面对这样的情况，广大的中小学生要及时调整好心态，正确的面对失败。

现在城市中，有很多独生子女，从小就是爸爸妈妈捧着，爷爷奶奶哄着，当然中小学生在众人的付出中，也在聪明地成长着，比如在小学或者初中的时候，成绩都是优秀的，但是一旦进入了高中，尤其是经过严格选拔的重点高中后，一时竞争压力陡然增大，高手如林，同学们会发现自己原来的优越感一下子全没有了，身边的同学都是那么优秀。课堂上，自己回答不出来的问题，总有那么多的同学似乎不假思索地能说出答案；而老师的目光在自己身上停留的时间也越来越少了……这一切的一切都会让笼罩在成功光环里的中小学生不断地怀疑自己、责备自己。有的同学甚至感到自己再没有脸面见父母了，不禁会产生轻生的念头。

这是典型的“输不起”心态。很多老师和家长都抱怨，“我家孩子只能赢，不能输，只要稍不如意，就会不高兴好几天。”

“我们家的孩子不会交朋友，游戏、比赛赢则罢了，输了就哭闹，真愁……”等。

“输不起”的同学通常都有 2 种表现：一是当他面对挫折、失败时会采取逃避的方式；二是性格急躁的同学一旦在游戏中输了，就会大发脾气，以哭闹来宣泄情绪。

其实，这种心态是极其消极、颓废的，而广大的中小学生从小就持有这种心态，当遇到失败时，就会一蹶不振，有时甚至会丧失信心，跳不出失败的阴影，看不到自己再学习、再锻炼、再提高的潜力，没有勇气迎难而上，甘愿做失败的奴隶，眼睁睁地看着一次次可能获取成功的机遇擦身而过，坐失良机，使自己沦为时代的弱者。

所以，广大的中小学生一定要正确对待失败，学会“输得起”。正所谓“失败是成功之母”，没有失败，哪里会有成功呢？

激励自己的上进心

上进心，就是一个人努力向上、立志有为的一种心理品质。中小学生的上进心，实际上就是一种积极进取的动机。有的同学为什么缺乏这种动机呢？这至少包括3个方面的原因。

1. 家庭教育不当。孩子原来有上进心，但是父母对他们的上进心不屑一顾。他们不一定缺少能力，但是经常受到指斥、批评，甚至受到讽刺、挖苦，从未体验到成功的喜悦，有的干脆就放弃了努力。这样的教育方法会使孩子的自信心降低，而没有自信心就很难有进取心。那种自强不息、不断进取的精神，实际上是建立在对自己、对未来、对现实的信心之上的。

2. 家庭环境的影响。有些家庭中，父母本身缺乏上进心，工作不思进取，生活上平平庸庸，更忽视孩子情感与智力方面的需要。他们对孩子没有明确的行为指导和要求，极少和孩子谈话、游戏、讲故事，压抑了孩子的上进心。

3. 中小学生自身的问题。中小学生年龄较小，生性好玩，不能对自己做出正确评价，不能自我调节、自我监督，因此，不能自我教育、自我激励。

中小学生强烈的上进心，首先来源于对远大目标的执着追求，这种不懈的追求，焕发出一股不断向上的力量。所以同学们要从小就树立远大的理想，激发自己为实现目标而百折不挠的上进心。

本田宗一郎在第二次世界大战前是个汽车修理厂的学徒工，他的梦想是创办一家生产运输工具的工厂。这个目标在心中一旦确立，他就倾其所有在战后自立门户，开了一家小摩托脚踏车组合工厂。

战后的日本经济十分萧条。虽然情况不太好，但本田宗一郎未曾因此而放弃过目标。他立下誓言："没有电动机，那么我们自己来研制，无论遇到多大的困难，也要把它做出来。有了电动机，才有我们摩托车的前途。"

经过反复研制，本田宗一郎终于克服了种种困难，成功地研制出了本田摩托车。随着日本经济的恢复和发展，本田摩托车的市场占有率已居榜首。

本田终于赢了。而支持他成功的"首要功臣"就是目标的定位。这一人生航线的把握，成为他心中永远的罗盘，最终促使他取得了事业的成功。

本田的成功启示我们：世界为那些有目标和远见的人让路，一个人心中拥有了明确的目标，就会产生动力，动力导致行动，行动必然会实现目标！

其次，旺盛的求知欲更是激发同学们上进心的内在动力。求知欲是人们探索、了解未知事物的欲望，是探求知识的一种内心要求，是追求知识的动力。

爱因斯坦小时候，他的父亲给他买来一个小罗盘，他拿到这个玩具，高兴极了，摆弄来摆弄去，爱不释手。忽然他的眼睛被玻璃下面轻轻抖动的那根红色小针吸引住了。他把罗盘翻转过来，倒转过去，可罗盘下的那根小红针，老是指着原来的方向不变。他好奇地问父亲："爸爸，这根小红针怎么老是不变方向呢？"

父亲没有马上回答他的提问，而是对他说："你再好好思考思考。"就这样，一个小罗盘唤起了爱因斯坦探索事物原委的好奇心。

可见，求知欲具有神奇的力量，它能激发起孩子学习的热情和毅力，激发起他们强烈的上进心。同学们希望长大后能够成为一个富于进取、乐于助人、勤奋节俭、有益社会的人，那么现在就要播下能把希望变为现实的种子。

下面，我们就向广大的中小学生介绍一些自我激励的方法：

1. 树立远景法。迈向自我塑造的第一步，要有一个你每天早晨醒来为之奋斗的目标，它应是你人生的目标。远景必须即刻着手建立，而不要往后拖。你随时可以按自己的想法做些改变，但不能一刻没有远景。

2. 离开舒适区。家是幸福而温暖的港湾，同时也会弱化你的斗志。不断寻求挑战激励自己提防自己，不要躺倒在舒适区，舒适区只是避风港，不是安乐窝。它只是你心中准备迎接下次挑战之前刻意放松自己和恢复元气的地方。

3. 把握好情绪。人开心的时候，体内就会发生奇妙的变化，从而涌现出新的力量。但是，不要总想在自身之外寻开心。令你开心的事不在别处，就在你身上。因此，找出自身的情绪高涨期并不断激励自己。

4. 调高目标。许多人惊奇地发现，他们之所以达不到自己孜孜以求的目标，是因为他们的主要目标太小，而且太模糊不清，便失去动力。如果你的主要目标不能激发你的想象力，目标的实现就会遥遥无期。因此，真正能激励你奋发向上的是，确立一个既宏伟又具体的远大目标。

5. 加强紧迫感。阿耐斯曾写道："沉溺生活的人没有死的恐惧"。自以为长命百岁无益于你享受人生。然而，大多数人对此视而不见，假装自己的生命会绵延无绝。唯有心血来潮的那天，我们才会筹划大事业，将我们的目标和梦想寄托在丹尼斯称之为"虚幻岛"的汪洋大海之中。其实，直面死亡未必要等到生命耗尽时的临终一刻。事实上，如果能逼真地想象我们的弥留之际，会物极必反产生一种再生的感觉，这是塑造自我的第一步。

6. 与乐观的人为伴。对于那些不支持你目标的"朋友"，要敬而远之。你所交往的人会改变你的生活。与愤世嫉俗的人为伍，他们就会使你沉沦。结交那些希望你快乐和成功的人，你就在追求快乐和成功的路上迈出了最重要的一步，从而对生活充满热情。因此，与乐观的人为伴能让我们看到更多的人生希望。

7. 迎接恐惧。世上最秘而不宣的秘密是，战胜恐惧后迎来的是某种安全有益的东西。哪怕克服的是小小的恐惧，也会增强你对创造自己生活能力的信心。如果一味想避开恐惧，它们会像疯狗一样对你穷追不舍。此时，最可怕的莫过于双眼一闭，假装它们不存在。

8. 做好调整计划。实现目标的道路绝不是坦途。它总是呈现出一条波浪线，有起也有落，但你可以安排自己的休整点。事先看看你的时间表，框出你放松、调整、恢复元气的时间。即使你现在感觉不错，也要做好调整计划。这才是明智之举。在自己的事业达到高峰时，要给自己安排休整点。安排出一大段时间让自己隐退一下，即使是离开自己喜爱的工作也要如此。只有这样，在你重新投入工作时才能更富有激情。

9. 直面困难。每一个解决方案都是针对一个问题的。二者缺一不可。困难对于脑力运动者来说，不过是一场场艰辛的比赛。真正的运动者总是盼望比赛。如果把困难看做对自己的诅咒，就很难在生活中找到动力。如果学会了把握困难带来的机遇，你自然会动力陡生。

10. 感觉好。多数人认为，一旦达到某个目标，人们就会感到身心舒畅。但问题是你可能永远达不到目标。把快乐建立在还不曾拥有的事情上，无异于剥夺自己创造快乐的权利。记住，快乐是天赋的权利。首先就要有良好的感觉，让它使自己在塑造自我的整个旅途中充满快乐，而不要再等到成功的最后一刻才去感受属于自己的欢乐。

11. 加强排练。先“排演”一场比你要面对的还要复杂的战斗。如果手上有棘手活而自己又犹豫不决，不妨挑件更难的事先做。生活挑战你的事情，你定可以用来挑战自己。这样，你就可以自己开辟一条成功之路。成功的真谛是：对自己越苛刻，生活对你越宽容；对自己越宽容，生活对你越苛刻。

12. 立足现在。锻炼自己即刻行动的能力，充分利用对现时的认知力。不要沉浸在过去，也不要沉溺于未来，要着眼于今天：当然要有梦想，筹划和制订创造目标的时间。不过，这—切就绪后，一定要学会脚踏实地，注重眼前的行动。要把整个生命凝聚在此时此刻。

13. 敢于竞争。竞争给了我们宝贵的经验，无论你多么出色，总会山外有山，人外有人。所以你需要学会谦虚，努力胜过别人，能使自己更深地认识自己；努力胜过凡人，便在生活中加入了竞争“游戏”；不管在哪里，都要参与竞争，而且总要满怀快乐的心情。要明白最终超越别人远没有超越自己更重要。

14. 进行内省。大多数人通过别人对自己的印象和看法来看自己，以此获得别人对自己的反映。但是，仅凭别人的一面之词，把自己的个人形象建立在别人身上，就会面临严重束缚自己的危险，因此，只把那些溢美之词当做自己生活中的点缀、人生的棋局该由自己来摆，而不要从别人身上找寻自己，应该经常自省以塑造自我。

15. 走向危机。危机能激发我们竭尽全力。无视危机，我们往往愚蠢地创造一种追求舒适的生活，努力设计各种越来越轻松的生活方式，使自己生活得风平浪静。当然，我们不必坐等危机或悲剧的到来，从内心挑战自我是我们生命力量的源泉。圣女贞德说过："所有战斗的胜负首先在自我的心里见分晓"。

16. 敢于犯错。有时候我们不做一件事，是因为我们没有把握做好。我们感到自己"状态不佳"或精力不足时，往往会把必须做的事放在一边或静等灵感的降临。你可不要这样。如果有些事你知道需要做却又提不起劲，尽管去做，不要怕犯错。给自己一点自嘲式幽默，抱一种打趣的心情来对待自己做不好的事情，一旦做起来了尽管乐在其中。

17. 尽量放松。接受挑战后，要尽量放松。在脑电波开始平和你的中枢神经系统时，你可感受到自己的内在动力在不断增加。你很快会知道自己有何收获。自己能做的事，不必祈求上天赐予你勇气，尽量放松就可以产生迎接挑战的勇气。

及时调节为人处世中的情感

情感产生的机制

我国古代伟大的诗人白居易，在《庭槐》诗中曾说："人生有情感，遇物牵所思。"这句话的意思是说，人并不是一生下来就有情感，而是在遇到相应的事物时才触发了这些情感。其实，早在先秦时期，人们就指出，人的哀心、乐心、喜心、怒心、敬心、爱心等并非心中固有，都是遇物而发。欲望联着感情，感情影响交往，感情可以调节。

中小学生在为人处事方面需要特别注意培养和调节自己的情感。因为为人处世难免要涉及社交活动和社交情感。社交情感是指在人际交往过程中产生的心理反应，社交情感是对交往满足程度的心理体验。

社交情感包括情绪和情操两个过程。心理学家指出，一般情绪和人的低级心理需要相互联系，能够直接反映出喜、怒、哀、乐等；情操和人的高级心理需要相联系，它包括道德感、理智感、责任感、美感等。

人类的情感源于人的基本需求和各种欲望。我国古代对情感产生的机制早有研究，吕不韦主持编写的《吕氏春秋》里有《情欲》一篇，把"情感"和"欲望"联为一体，认为"天生人而使有贪有欲。欲有情，情有节。圣人修节以止欲，故不过行其情也。故耳之欲五声，目之欲五色，口之欲五味，情也。此三者，贵、贱、愚、智、不肖，欲（望）之若一，虽神农、黄帝其与桀、纣同。圣人之所以异者，得其情也"。

这段话在心理学的发展史上具有非常重要的意义，它探讨了情感产生的基本理论。这一观点可以概括为5点。

1. 人有欲望和不知满足是天生的本性，无论是圣贤暴君，还是平民百姓都是一样的。这一观点和荀子的观点一致。荀子在《荀子·荣辱》中说："饥而欲食，寒而欲暖，劳而欲息，好利同恶害，是人之所生而有也，是无待而然者也，是禹、桀之所同也。"这一观点具有很强的科学性。如果，人生下来假设没有获取食物的欲望，那么就意味舍生就死。

2. 人类的欲望包括口欲、目欲、耳欲等多种需要。但是，口欲是人类最基本的需求之一，它维持着人类的生存，以及劳动力再生产。马克思曾说："人类为了能够'创造历史'，必须能够生活。但是为了生活，首先就需要衣、食、住以及其他东西。因此第一个历史活动就是生产满足这些需要的资料，即生产物质生活本身。"

3. "欲有情"，情感来自欲望，既然贵人、贱人、愚者、智者、不肖之徒都有天生的欲望，那么他们同样都会因欲望产生情感。这种"欲有情"是人的情绪过程，相当于人类的低级心理需要。

4. 这一观点认为情感是可以节制的，正所谓"情有节"。人可以适度地或有组织地释放情感。这种"情有节"是人的情操过程，相当于人的高级心理需要。

5. 欲望生来就有，虽然是人类共同的特点。但情感有节制并非人人相似，神农黄帝与桀纣就不一样。圣贤之所以和桀纣有区别，在于能"得其情"。正如《吕氏春秋·观表》中所说："事随心，心随欲。欲无度者，其心无度；心无度者，则其所为不可知矣。人之心隐匿难见，渊深难测，故圣人于事（观）志焉。"这句话的意思是说，"事随心"说明了人际交往（事）来自交往动机（心）；"心随欲"说明了交往动机来自欲望，欲望则产生人的情感。

欲望是社交情感与交往的中间环节。欲望有强弱大小的区别，欲望强烈的时候，动机就迫切；欲望弱的时候，动机就冷淡；欲望无度时其动机无度。

欲望对情感影响的程度，取决于自己对欲望的控制能力，情感有节度在于欲望有节度。根据欲望调节程度，情感可以分为有度、适度、过度或无度等。对人的欲望强弱进行调节，是理智感和理性控制的表现。

情操有高低之分，神农黄帝和桀纣有不同的情操。欲望的自然流露，非人为的调节而是人的性格，性格与人的气质有关，有人内向，有人外向。

社会交往中人的情感是情绪和情操相互作用过程的统一，单纯的（或淳朴的）情绪只是在情不自禁状态下表现最明显。人的情感表征于外，欲望则存之于内心，“隐匿难见”，了解人的欲望要从交往动机、行为及交往的满意程度来分析，或者在交往中就其事“观其志”，看人的志向是什么。

产生良好的情感

在为人处事过程中，情感具有两极性，好的情感使人愉快，不好的情感能够损人。人们都希望表达或感受好的情感，那么使人产生好情感有哪些因素呢？

为人处世，特别是社会交往中，人们通常喜欢就近的人。人受社会活动圈的限制，“物理上的就近性”使人只能在周围寻找朋友，因为活动圈之外的人、遥远的人无缘结识。喜欢就近的人有长处也有不足，长处是人在周围很快能寻找朋友，这也是同学、同乡、同事为什么容易结为朋友的原因；不足是囿于交际空间，择友范围必然有限，影响了人的眼界，会使人觉得只有周围的朋友关系最好。

其实天涯何处无芳草，人到新的环境，“喜欢就近人”原理，会使人很快寻得新的朋友。随着时间的推移，人的交往空间不断扩大，社会态度和观点的一致性更易使人成为朋友，同行之间语言、文字、思想上的交往，将突破狭小的活动圈，他们可以在国内，甚至也可在国外找到志同道合的朋友。

好的性格能使人产生好感。心理学研究证明，性格是有好坏之分的，有些性格是人所欢迎的，有些性格则是人难以接受的。如女性温柔、体贴的性格，易让人产生好感。温柔的性格叫人难忘。

严于律己、坦诚待人的性格令人尊敬。如1912年辛亥革命期间，国家政局交替，高校经费困难，许多学校因此而停办，交大校长唐文治带头减薪1/2，教工每年减薪2个月，他与师生同甘共苦，坚持办学，学校免于关门夭折，赢得了师生的爱戴。

著名心理学家安德森认为招人喜欢的性格有诚实、通情达理、可信赖等；令人讨厌的性格有不诚实、自私自利、卑鄙等。美国科学家富兰克林认为人的美德是：节制欲望、自我控制、少说废话、有条不紊、信心坚定、节约开支、勤奋努力、忠诚老实、待人公正、保持清洁、心胸开阔、慎言谨行、谦虚有礼等。

仪表堂堂的人受人喜欢。此种情感的产生来自晕轮效应，仪表堂堂的人讨异性喜欢，也使同性产生嫉妒。电视台节目主持人、警探片的探长等选用仪表美的男女角色作为搭档，便是为了迎合不同人的胃口，增加节目、影片的吸引力。报载美国总统竞选，候选人要像演员一样设计演说镜头，并进行多次彩排录像，也是为了从仪表、风度上争取观众与选票。美国社会心理学家沃尔斯特研究发现，如果通过看照片进行婚姻介绍，那么女子的魅力是男子决定是否约会的首要因素。喜欢仪表堂堂的人虽然在认识论上有明显的不足，但是审美感常使人不得不就范。爱美之心人皆有之，这就是播音员、节目主持人、演员成为公众欢迎的人，除个人的努力外，都缺不了天生丽质的原因。

相似的情趣使交往双方易产生好感。所谓“酒逢知己千杯少，话不投机半句多”，“惺惺惜惺惺，英雄惜英雄”就是指彼此之间产生好感，来自趣味相投。实际交往中，如对绘画、音乐、电影、体育、旅游、收藏、文物等情趣一致时，或者政治观点、经济观点、学术见解相似时，彼此愉悦，就谈得拢、合得来；反之，对牛弹琴、无共同爱好，交往便无法持续。

对高度评价自己的人带有好感。在为人处事，特别是在社会交往中，人们总是希望得到别人的肯定或赞赏，自我一旦受到别人赏识，得到高度评价，就会对评价者产生好感，甚至不惜用生命来回报。刘备三顾茅庐，诸葛亮为报知遇之恩，立下誓言“鞠躬尽瘁，死而后已”。燕太子丹尊荆轲为上卿，意在刺秦，荆轲临行时在易水边唱出“风萧萧兮易水寒，壮士一去兮不复还”的悲壮之歌，明知刺秦始皇会有什么结果，但义无反顾，要报知遇之恩，士为知己者死。

广大的中小学生了解了良好的情感从何而来，就应该以上述的条件为标准，努力做到这些，以期自己能在为人处世的过程中获得别人良好的情感。

情感成熟的标志

人非草本，孰能无情？每个人在为人处事的过程中都会产生情感，不同的情感会对为人处世产生不同的影响。了解情感在交往中的作用，有利于为人处世，尤其是在交往互动中获取他人的情感信息并把握自己的情感，运用自己的感情，分析他人的感情。

当自己的行为引起对方情绪激动时，此时应注意分辨是自己确实太过分了，还是对方情绪过于敏感了，或是对方故作激动等，然后调整自己的行为。愤怒往往能使对方胆怯而让步。

要做到这一点，首先就要做到情感上的成熟。情感成熟指人在个人需要无论是否得到满足的情况下，能够自觉地调节情感使之适度的一种心理状态。如需要得到满足不狂喜，需要未满足不怒不卑等。

情感成熟标志着人的心理是健康的。每个人要社会化就应该使自己“情有节”，陶冶情操，尽快成熟自己的情感。赫洛克认为情感成熟包括4个方面：

1. 能够保持健康。自己可以管理好自身的健康，长期不懈地坚持锻炼身体，有效防止因身体疲劳、睡眠不足、头痛、消化不良等疾病引起的情绪不稳。当有疾病时，具有战胜疾病的乐观心理。

2. 能够控制环境。个人行为要受社会环境约束，克服想干什么就干什么的我行我素的思维方式；个人利益不违背集体利益，个人行为要符合行为规范，不能出口伤人、脏话连篇、一触即跳、打架斗殴、小偷小摸等。

3. 能够使紧张的情绪化解到无害的方面。人的情感是有两极性的，两极性情感不仅损害自身健康，而消极性强的情感如愤怒、暴躁等可能伤害他人。要增强情操的调控作用，化解和防止产生过度的情绪，转化被压抑的情绪，使情绪具有社会感、责任感。

4. 能够洞察理解社会。洞察和理解社会，可使人的智力不断增长，社会经验不断积累。社会不是以自我为中心，而是以大家为中心、以集体利益为中心。洞察和理解社会，会使自我更加自律、更加宽容、更加融合，情感更加成熟，与集体同呼吸共命运。

概言之，情感成熟就是要求心理成熟。它要求每位中小学生在长大以后，告别在家靠父母、完全依赖父母的生活方式，逐渐进入社会，依靠自我独立和修养，在社会风风雨雨的大课堂中摔打自己、锻炼自己，要在工作、学习、生活中学会自我管理，同时也要学会管理他人（如让你做部门的领导），组织建立家庭并教育好自己的子女，从社会的单一消费者成为社会的合格建设者、生产者。

影响情感的因素

《礼记·乐记》说："人心之动，物使之然也。"影响情感有两个原因，一是个体原因（心），或称内因；二是环境原因（物），或称外因。

无论是健康性情感，还是困扰性情感，都是人内因和外因矛盾统一的产物。影响情感的内因包括两个方面：

1. 生理因素。人的身体健康情况影响人的情感，每个人都有正常的生物钟，当生物钟被打乱时，如饮食不正常、休息不正常，那么人就会感到精神疲劳、四肢乏力，思维难以集中，出现焦虑、烦躁、不安等；当生物钟受到损伤时，如疾病缠身，对于人的情绪，小病或有小波动，大病则常为大波动，感到心烦、焦虑、失望、乃至绝望。我国古代注重养生，主张调节饮食、锻炼身体。健康的身体是人心理健康的重要因素。

2. 心理因素。《吕氏春秋·重己》说："凡生之长也，顺之也；使之不顺者，欲也；故圣人必先适欲。"要使人健康成长，就得养生，人成长不顺利的原因是欲望不适度，当欲望不能满足时，情绪上不稳定，好冲动，或易暴，或冷漠；性格上固执刻板任性；意志上自负或自信；社交上孤僻、退缩、敏感、多疑。即情感趋向一极，焦虑、自卑、抑郁、冷漠、嫉妒、压抑等。

影响情感的外因主要包括 4 个方面：

1. 家庭因素。每个人都生活于一定的家庭环境，青少年时，父母是主要老师，家庭结构（如多子女还是独生子女）、家庭气氛（如是否民主）、父母情绪与关系、教养方式等，对青少年成长影响很大。父母和睦，子女性格就乐观、随和、好交际等；父母离异，子女性格往往孤僻、冷漠、仇恨、暴躁等。进入成年，组成家庭，夫妇之间互动与相互适应，也会制约情感的发展。

2. 学校因素。学校是小社会，是培养青少年科学文化和思想道德素质、造就合格人才的熔炉。我国义务教育有 9 年，假如大学本科毕业，受教育时间长达 16 年，人生的相当长的一段时间要在学校度过。学校教师的表率作用、学校的教育方法和内容、学校的人际关系与竞争，一方面影响着学生生活期间的情感及情感发展；另一方面影响着学生未来是否能够成为有理想、有道德、有纪律、有文化的社会主义的建设者和接班人。

3. 社会因素。每个人都在一定的社会环境中生活，社会文化背景、社会变革、社会风气、社会政治经济条件，对人的思想及情感有潜移默化作用。

4. 客体人物因素。客体人物因素指与主体保持交往的人，他们的感情、兴趣、信念、能力、行为等，对主体情感必然产生影响，有时客体还能帮助主体调节情感，如鼓励、安慰、劝解、激将等。

常见的消极情绪

在不良的情感驱使之下，人很容易产生不良情绪，甚至消极情绪。在中小学生为人处世过程中比较常见的消极情绪主要有害羞、焦虑、抑郁、冷漠、嫉妒、压抑等。这些我们在前文中已经有所论述，这里我们再简单地向大家介绍一下。

1. 害羞，是主体渴望交往而缺乏勇气的、胆怯的一种情绪状态。为人处世，尤其是社会交往中克服害羞心理，是人走向社会所迈出的关键性的必要的一步。

大千世界中，每一个人都有与他人交往的愿望，但害羞妨碍了相当多的人展开正常的社会交往。美国有人调查，40%的人认为自己有怕羞的弱点，交往中往往约束自己的行为，不敢表达自己的思想。如上级让称呼他的名字时，只敢按其职衔来称呼；集会上总为自己的举动担忧；在他人面前缺乏自我介绍的勇气；会议上不敢自己提出问题而希望别人提出自己所想的问题；看望陌生人（或上级、老师）时不敢敲门；寻找人的住址时不敢向周围的人询问情况；见到异性便感到紧张和不安等。害羞一是过多地担心自己，二是过多地考虑别人，其实公众场合开展交往是正常的事，个人担心有所谓的事，别人恰恰对此无所谓。为人处世应该从克服害羞开始。

2. 焦虑，是主体的需要未能满足时，产生的一种不安感、威胁感和忧患感。焦虑一般是作用时间较长的一种心理体验，会潜在地影响人的精神、认知、行为和身体，过度时心情烦躁、身体不适或失眠，甚至导致心理疾病。

人的焦虑情绪集中表现在工作、学习和交往上。工作焦虑是指如未能达到预定目标或事情进展不顺利；学习焦虑是指如成绩不理想或感到某些功课力不从心；交往焦虑则是指如孤掌难鸣、四面楚歌、缺少朋友等。

心理学研究表明，焦虑可分为过度的焦虑和适当的焦虑。小白鼠在人造的焦虑环境中，只能存活23天。社会上由于工作、学习、科研等竞争压力较大，不能适应者，因焦虑就多发疾病。反之，能够积极看待竞争的人，焦虑只能是暂时的而不会影响生活效能和身体健康。适当的焦虑对人生是必要的、有益的，“生于忧患，死于安乐”，“人无远虑，必有近忧”，适度的焦虑是人前进的动力，促使工作学习中发挥潜能和效率；焦虑过度或过低（即满不在乎）会降低潜能和效率，过度则欲速不达，过低就会满足现状与甘心落后，甚至不进则退。

保持正常的焦虑，一方面可抑制、阻止人业荒于嬉，业荒于惰，有奋斗目标，使个性成熟起来；另一方面有利于调节身体，有利于发挥主观能动性。

3. 抑郁，是主体的需要未能满足又觉得无力改变现状、无力应付外界压力而产生的一种心理体验，常表现为厌恶、痛苦、羞愧、自卑等情况。多数人抑郁只是暂时的现象，事过境迁，很快就会消失。少数人抑郁会使性格内向，多疑多虑，不爱交际，对丰富多彩的生活缺乏兴趣。抑郁情绪要靠自我来克服，学会和扩大交往。人际沟通可以一吐为快、解闷排忧，多交朋友可战胜孤独。同时要正确地评价自己，多注意事物的光明面，肯定自我的价值，学习他人的长处。

4. 冷漠，是对周围环境中的人和事漠不关心的一种心理体检。冷漠是缺乏群众意识、社会意识的表现，如对集体学习、劳动、社会活动不感兴趣，对同志同事同学冷淡无情。冷漠产生的原因，或是过去交往受过挫折；或是性格内向、心胸狭窄；或是自视清高；或是以己为中心、害怕承担社会义务。克服冷漠心理，加强集体主义教育是关键，可开展形式多样、生动活泼的联谊活动，增加了解和友谊，关心集体，可以发现个人的价值。

5. 嫉妒，是怨恨别人比自己强的一种攀比性心理状态。嫉妒的内容包括能力、名誉、地位、长相、待遇、成绩、家庭条件、恋人、机遇等，只要心理攀比中某项不如人，都可以产生嫉妒。常人在一定的情况下多少都会有点嫉妒心，但是虚荣心太强、自尊心过强的人，往往嫉妒心更强，而且在心中长期潜在地发挥作用。

嫉妒会影响人际关系，也会给自身带来烦恼、痛苦，有时还会给自己带来愚蠢的行为。如有人嫉妒别人取得的工作成绩成果，就写莫须有的匿名信；有人嫉妒别人长相好，就编造风流韵事或损伤人家的容貌……结果触犯法律。克服嫉妒心的方法有：①要学会正确的比较，学人之长补己之短；②客观地承认差距，重新寻找自己的优势，从尺有所短、寸有所长哲理中发现自己，另辟蹊径；③充实自己的生活，埋头工作的人常常不修边幅，但从不自觉形秽，原因是他们心里很充实，事业给他们带来了无限乐趣。

6. 压抑，是对环境感到不适应、自我感觉受到某种限制的一种心理状态。压抑通常是小环境缺乏民主，或人际间缺乏沟通，或学习气氛太紧张，或对社会问题产生疑惑所致。压抑使人精神上感到茫然、情绪上感到苦闷。克服压抑心理，从主观上讲，应活跃自己的生活，转移自己的注意力，有时也要适当地宣泄情感；从客观上讲，也要积极变革小环境，社会生活有调和，但也有斗争；有退让，也有进取。

要学会调控情绪

前文中所论述消极的情绪都是不健康的表现。要提高自己为人处世的能力，广大的中小学生就要学会调控自己的情绪，使情绪保持健康。

情绪健康，并非意味着人总是处于良好的情绪状态下，总是喜形于色、心花怒放，而避开消极的情绪，体验不到悲、忧、愁、苦等。对于各种消极的情绪反应，只要反应适度，能加以适当的自我调节，就不会对人产生不利影响。情绪的调节，一方面在于学会保持愉快的情绪，保持良好的心境；另一方面在于能够合理调适不良的情绪。

这里的调适并非指压抑各种情绪反应，如遇到悲伤的事竭力加以掩饰，压抑到内心深处而不加以适度表达。对消极情绪的压抑，不仅不能形成健康的情绪，相反却有可能导致严重的障碍。

对自我情绪、情感的调适是情绪智力的重要指标，立志成为卓越人才，使自身得到很好发展的青少年都应学会有效调适自己的情绪，情感。具体方法如下：

1. 转换认识角度。决定情绪的是人的认知，正如一句名言所说：“人受困扰，不是由于发生的事实，而是由于对事实的观念。”

现实中，人们的许多情绪困扰并不一定是由诱发事件直接引起的，而是由经历者对事件的非理性认识和评价所引起的。如有的人在遇到一些不顺心的事情后，往往会以偏概全，或把事情想象得糟糕透顶，过分夸大后果。因此，主动调整认知，换一个角度去重新看待发生的事情。纠正认识上的偏差，就可减弱或消除不良情绪。

比如，你被小偷掏了钱包，你很愤怒，“发泄”是解决不了问题的，这时你应该换个角度想：“破财免灾”。这是自觉地、比较积极地从另一个角度重新思考，也是消除不良情绪的一个有效的方法。

2. 进行自我暗示。自我暗示是运用内部语言或书面语言的形式来自我调节情绪的方法。暗示对人的情绪乃至行为有奇妙的影响，既可用来松弛过分紧张的情绪，也可用来激励自己。此法适于自卑感较强的人，或有焦虑、抑郁、恐惧、强迫观念的人。

如在学习成绩落后、生理上有缺陷，或交往技巧缺乏等情况下，要使自己振作起来，就要克服消极的心理定势，进行积极的自我调整和改变。此时积极的心理暗示是很有必要的，如在心中经常默念：“别人能行，我也一定能行”；“我能考好，我有信心”；“别人不怕，我也不怕”等。努力挖掘自己的长处及优点，在很多情况下此法能驱散忧郁和怯懦，使自己恢复快乐和自信。

3. 调控希望值。调控希望值是对人、对事不要过分苛求，期望值不要太高，需要是情绪、情感产生的基础，需要愈强烈，情绪、情感反应也就愈强烈。在现实环境中，对他人、对自己、对事务所抱期望过高，势必在需求难以满足时产生不好的情绪反应，因此，要在一定的范围内学会知足。对自身的目标不要定得高不可攀，脱离实际；对人对事不要苛求十全十美，这样就不会因不满足而产生烦恼。

4. 合理宣泄。人的情绪处于压抑状态时，应加以合理宣泄，这样才能调节机体的平衡，缓解不良情绪的困扰，恢复正常的情绪、情感状态。如遇到挫折或不顺心的事情，心情苦闷痛苦时，痛痛快快地哭一场，或者找亲朋好友倾诉一番，或者以写日记的方式倾诉不快，或者去心理咨询机构加以宣泄等。宣泄、倾诉对心理紊乱、压抑、焦虑等的排解有奇效。但应该注意适度，还要注意场合和对象，否则也会有不良倾向和后遗症。如在大庭广众之下大哭大闹，或者随便见谁都大哭大诉等均不能取得好的效果。

5. 转移注意力。当情绪不佳时，可通过转移自己的注意力来平静自己的情绪。如外出散步、听听音乐、打打球、找朋友玩、读本轻松的书、看场电影等。切记不可死钻牛角尖，沉浸在不良情绪的陷阱中不能自拔。

6. 增强自信心。悦纳自己，不自怜、不自责、不自卑。要充分全面地认识自己，对自我做出恰当的评价。要善于发现自己的长处，肯定自己的成绩和优势，注意自我激励。同时注意正确地补偿自己，选好突破口，扬长避短，不断提高。充分的自信是保持心情愉快的重要条件。

7. 学会幽默。高尚的幽默是精神的消毒剂，是消除不良情绪的有效工具。当你发现遇到某些无关大局的不良刺激时，要避免使自己陷入被动局面或激动状态，最好的办法就是以超然洒脱的态度去应付。此时，一句得体的幽默话，往往可以使你摆脱窘迫，使愤怒、不安的情绪得以缓解。不要针尖对麦芒，以牙还牙，激化矛盾，幽默是智慧和成熟的象征。学会幽默、乐观地面对生活，才能使自己快活起来，成为真正的强者。

8. 进行情感升华。将不为社会认可的情绪反应方式或欲望需求导向正确的方向，将情绪、情感激起的能量引导到对人、对己、对社会都有利的方面。安徒生、贝多芬等人都曾在失恋之后，以更大的热情投入到文学艺术的创作之中，为人类社会创造出精美的传世作品。居里夫人在其丈夫不幸身亡之后，忍受着巨大的悲痛，把自己的情感升华到对科学的忘我追求之中，终于第二次获得了诺贝尔奖。

情绪、情感的调适方法是多种多样的，每个人可结合自身的实际，视具体情况选用适宜的方法。如果情绪、情感的困扰较为严重，自己力所不及，就应及时寻求心理咨询或治疗机构的帮助。

要控制你的愤怒

学校里我们常常看到这样一些现象：同学之间为一些鸡毛蒜皮的小事（如不小心碰掉了别人的铅笔盒等）而出言不逊、大动肝火、怒气冲冲。有的中学生因一句刺耳的话，一件不顺心的事，同学间遇到一点矛盾和冲突，便怒形于色，或出口伤人，或挥拳相向，行为完全失控。有的同学打人致伤，甚至做出违法犯罪的事情来。这些都是无原则的冲突，不必要的感情冲动，是无益之怒。不仅危及社会也危及个人，而且会使人的心态失去平衡，产生各种心理疾病。

生活中有文化、有修养的人，也常常是宽宏大量、风趣幽默的人。中小学生应该拓宽自己的心理容量，不要为区区小事而计较个人得失，要学会理解，学会容忍，多反省自己，少怪罪别人。

愤怒情绪的出现有的与性格、气质有关，如胆汁质气质者容易产生激怒情绪；有的是躯体疾病的生理反应，如甲状腺功能亢进者等；有的与环境有关，如有的中学生从小缺少良好的教育，因而自制力不强，思想认识比较模糊，往往错误地认为发怒可以威慑他人，发怒可以抵挡责难，发怒可以挽回面子，发怒可以推卸责任等。

冲动并不能解决问题，对愤怒情绪的调节应当采用理智调适法。当同学们意识到自己的怒火已经开始燃烧时，最好的方法就是强迫自己不要讲话，采取沉默的方法，有助于冷静地思考。

如果有话非说不可，你可以“在开口之前，先把舌头在嘴里转10个圈。”这是俄国文学家屠格涅夫对容易情绪激动的人采取的最好办法，并三思：发怒有无道理？发怒后有何后果？我正要发怒，有其他方式可以替代吗？当同学们有意识地这样做时，就可以将怒气摧毁在萌芽阶段，变得冷静，情绪也会稳定下来，烦恼和愤怒也就随之减弱了。

有时候同学们可能确实已经成功地避免了一些直接的冲突，但又总觉得窝火，仍然不能从烦恼困惑中解脱出来，那就应该告诫自己：“想开些！”如果造成：冲突的原因完全在对方，那更无需生气。一位哲人曾经说过：“生气是用别人的错误来惩罚自己。”想想看，何苦呢？

爱发脾气的人通常都是气量狭小的人。俗话说：“大事不糊涂，小事装马虎。”不必过多地计较生活中的一些小事。忍一忍又何妨？最多会吃点小亏，真正有博大胸怀的人绝不会为一点小事而犯颜动怒。做人应当有一定雅量，应“待人宽，责己严”，不要动辄责怪别人，发脾气前应想想后果，发怒既伤害别人，也破坏自己的心情，三思而后行，也许你就能平静了。

也许有些同学不能很好地控制自己的情绪，当大家自知脾气或心情不太好的时候，就不要和其他人待在一起。除非和他们在一起能使你快乐，否则你的这种坏脾气只会令他们不快甚至吓坏他们，而后你将不得不与他们断交，这将比你以往曾碰到的任何一种状况都要糟糕得多。所以，若是你自我感觉不太好并且心情烦躁时，你还是好好地待在家里，因为这时候想要寻求任何一种解决问题的办法都是徒劳的，不如等那些易怒的坏脾气发作并最终自动平息下来之后再说吧。

大家要知道，人在一个集体中始终保持心情舒畅，才能给人以和蔼可亲的感觉，尽管这并不意味着你具备温厚的本性和良好的教养，但是这至少会令你在集体中受到欢迎，而且这种亲和力对于一个同龄人云集的班集体来说显得尤为重要。有这样一些人，他们尽管本性不算太好，但在集体中却极具亲和力。事实上，任何人在集体中都可以保持良好的性情，毕竟人性本善嘛！只要一个人心中没有任何敌意，你就一定能从他的脸上或是行为上感受到快乐和舒心。

克服害羞的心理

害羞不但是一种不良的心态，也是一种有害的情绪。那么，如何克服害羞的心理呢？

害羞心理是指在交往过程中过多地约束自己的言行，以至无法充分地、自由地表达自己的思想和感情，阻碍了人际关系的正常发展的一种病态心理。

害羞的学生性格内向，言语不多，对外界怀有一种胆怯的心理，言谈举止极其谨慎，缺乏主动性，不敢和别人接触和交往。害羞的原因有两种情形：

1. 自幼受着封闭式的教育，缺乏必要的社交训练。老师和家长对于这种情况都是可以鼓励学生与人接触，为他们创造条件，如在课堂上多提问，提一些适合他们知识水平的问题，激发和培养他们在公共场合表达自己思想的胆量和能力。

2. 经受过多的挫折。一个儿童所做的努力总得不到外界的好评，相反总是遭到批评，为了躲避这种使人不愉快的批评，甚至惩罚，便收敛自己的言行，不再轻易发表意见和采取行动。很多同学由于过于胆小怕羞，在与他人正常的交往过程中易产生紧张、拘束乃至尴尬的心理状态，给自己造成不必要的心理压力。在与异性或陌生人交往时表现得更加突出，如面红耳赤心直跳。这种现象阻碍了正常的人际交往，妨碍了友谊的深化，使自己的才能难以在社交场合得到正常发挥，影响自己的发展，同时还容易导致沮丧、抑郁、焦虑等不良情绪和孤独感，出现性格上的软弱与冷漠。

害羞在我们中学阶段的青少年朋友中是较为普遍的心理现象，引起的原因有的属先天因素，有的属后天因素。先天因素主要与人的神经活动类型或生理缺陷有关，但这种因素的影响是非常有限的。更大量的是后天因素所致，而且大多数是可以战胜的。美国前总统卡特以及曾 4 次奥斯卡奖获得者、著名影星凯瑟琳·赫本等，也曾经有过怕羞的心理弱点。

那么，怎样才能战胜自己胆子过小、怕羞的毛病呢？

1. 充满信心。许多怕羞者是由于自以为不如别人而自惭形秽，觉得低人一等。其实，尺有所短、寸有所长，我们每个人一般都会有自己的长处的。

对于那些因自愧弗如而羞于交往的青少年朋友来说，有必要端正对自己的认识，将目光多转向自己的长处，去掉自卑心理，树立信心，相信“天生我材必有用”，尽可能扬己之长、避己之短。正视自己的弱点，同时要勇于弥补、克服不足，相信通过自己的不懈努力是可能改变不理想的现实，取得成功的。希腊大演说家德莫西尼斯可作为我们这方面的榜样，他就是通过长期的努力矫正了口吃的毛病，由一个不敢与陌生人讲话的人变成闻名遐迩的演说雄才。

2. 不怕议论。在实际生活中，我们的一举一动有可能引起别人的议论。同时我们每一个人也可能评说过别人，这是非常正常的，正如俗话所说的，“谁人背后无人说，哪个人后不说人。”可我们有些人常在听到有人议论自己时就不舒服、气愤或害怕。

一旦害怕，各种不必要的顾虑就油然而生。与人交往时，或在大庭广众之下出现时，就会心有余悸，不能自如发挥，感到害羞。结果就会越怕越羞，起羞越怕，形成恶性循环。对于别人的议论，我们应该将它视为很正常的，不大惊小怪，不过于计较。需要坦然、理智地对待，冷静地分析，有则改之，无则加勉。

将别人的否定评价当做激励自己的动力，培养一定的心理承受力，遇挫不折，遭败不馁。试设想一下，在年轻时曾被人轰下演说台的林肯，如果因这而气馁，还会成为具有很强演说能力的美国总统吗？

3. 丰富知识。同学们要注意扩大知识面，有意识地去阅读一些有关社交知识的书籍，了解和掌握一些进行社交活动的基本知识和技能。这样在与各种各样的人交往时就不会因为知识面过分狭窄而受窘。

4. 大胆参与社会生活。一个人的胆子是锻炼出来的。多与人交往，敢于出丑，才会少出丑，达到不出丑。经过挫折，积累了经验就会更加聪明起来，正所谓“吃一堑，长一智”，否则，天天躲藏在家里，成为套中人，那么，害羞之心就难以消除。

5. 掌握技巧和方法。在社交场合中，如何待人接物，如何引出话题，如何使谈话继续和中止，如何阐明自己的见解等等，确实是有一些技巧的，这些技巧除了可以从书本上学习外，更加主要的是从交往实践中学习。

如：先接触熟悉点的人，先在小一点的场合争取机会抛头露面，多参加小组讨论发言，再到班上、学校，循序渐进。进行积极的自我暗示，自己鼓励。如："这有什么值得怕羞的，人家敢，我当然也应该敢，大家都是人"，大胆地与人家进行交流。在台上讲话时，可有意识地看着那些对你感兴趣的听众，不要受那些鄙视者的影响。发言时，要胸有成竹，理直时气就要壮一点，把该说的都大胆地说出来。该干的事，有人议论也要硬着头皮干完并且干好。

做后注意听一些肯定的话语，以增强自信。还可有意注意、观察和模仿一些活跃开朗、善于交际、胆子较大的人的言谈举止，用以对照自己的不足并加以克服。同时学习并掌握待人接物、谈话、交往、表达意见、当众演说的技巧，并自己创造条件进行锻炼。这样长此以往，你的胆子就可能慢慢大起来，害羞的心理也就淡化了。

好习惯可提升为人处世的能力

勤奋方可早成才

一个人要想成功，天分是需要的，但没有人只凭天分获得成功。许多发明家、科学家和艺术家的事迹证明，他们的成就都是来自不懈的奋斗。那些取得优秀的学习成绩、考上了名牌学校、在运动会上拿到名次、在文艺演出中获奖、在国际比赛中拿下了金牌、在某一领域创造了重大发明的人……也都是付出了持续的努力、坚持几年甚至一二十年不懈奋斗的结果。

科学家庄纳思·思克正是通过了200次的实验，才发现了小儿麻痹症的疫苗。当有人问他如何看待前面200次失败时，他说："在我的生活中，从来没有过200次的失败。在我的家庭里，我们从来不认为自己做过的任何事情是失败的。我们所关心的是，我们通过自己所做过的事情得到了什么样的经验，学到了什么知识。如果没有前面200次的经验，就不会得到第201次的成功。"

唐代诗人李白小时候不认真上课，经常逃学。一天，他又没有到学校，而是东走西逛，不知不觉来到了城外。

他忽然看见一位满头白发的老婆婆正在水边磨一根棍子般粗的铁杵，便好奇地问她这是干什么。老婆婆回答："我要把这根铁杵磨成缝衣针。"

李白一听，吓得吐起了舌头，问："这么粗的铁杵，要磨到何时才能成为一根缝衣针啊？"

老婆婆反问李白："滴水可以穿石，愚公可以移山，铁杵为什么就不可以磨成针呢?"

老婆婆的一番话，令李白非常惭愧。从此，他不再逃学，发奋求学，终于成为一代杰出诗人。

球星乔丹在中学阶段先天条件并不好、打球技术也不怎么样，后来，教练之所以同意他进入高中校队，首先是因为他有比别人都强烈的意愿。他对教练说，只要让他与校队队员一起练球，他可以不要求上场比赛，他愿意每天为球队扫地、拖地，愿意为队员拿行李，愿意为队员擦汗、端茶送水、洗衣服，总之，愿意做所有事情和付出任何的代价；进入校队以后，他又比任何队员都努力训练，用各种方式使自己的身体长高，他愿意每天花3~5个小时练习投球1000次以上，有时候甚至就在篮球场过夜。

正是这种无人能比的强烈意愿，驱使乔丹不断创造出世界篮球史上的惊人奇迹。他的父亲在接受记者采访时说，他们家族从没有人身高超过1.8米，而乔丹竟然长到了1.98米，这也许是因为他成功的意愿太强烈了。

中文文字处理系统（WPS）的发明人——中国软件大王求伯君出生在浙东天姥山区一个偏僻、贫瘠的小山村。饱受饥寒的母亲蔡德钦虽然没有文化，但却固执地相信文化知识可以改变一个人的命运。她见小伯君聪明伶俐，发誓无论生活多么艰难，也要送他去读书。于是，不满7岁的小伯君就在许多孩子羡慕的目光下背起书包上学了。

12岁那年，求伯君不负众望，以第一名的成绩升入中学。但乡中学离家4千米，要跋山涉水才能上学，每天还要自带中午饭。伯君知道家里供他读书很不容易，更加努力拼搏。功夫不负有心人，1980年，他考上了国防科技大学信息系统工程专业，从此与电脑结下了不解之缘。

有人在对微软亚洲研究院最优秀的科学家进行调查后发现，他们80%是来自于中国的小城镇，对于他们来说，读书是进入大城市和改变自己命运的唯一途径。正是这种比大城市的孩子更强烈地改变命运的欲望，驱使他们更加努力地读书。让他们今天可以闯入首都北京，在中关村希格玛大厦世界一流企业的研究机构中拥有自己的位置。

如果一个人只是"想要"卓越，"想要"达到目标，而不是"一定要"

卓越，“一定要”达到目标，那他十有八九还是无法卓越，无法达到目标。“想要”和“一定要”是有本质区别的。只是“想要”的人，他今天想一下，一个星期想一下，一个月想一下，一年想一下，这样他就不会去行动。即使行动，也不是持续的行动，或者是一遇到困难就放弃，这样的人是难以卓越、难以取得成功的。而“一定要”的人，则是时时想、天天想、年年想，想尽一切办法。他们每日甚至每时都在努力，都在做与实现愿望有关的事情。无论遇到什么困难和问题，他们都会绞尽脑汁、想方设法战胜困难、解决问题。

“一定要”成功的人经常让自己处于一种背水一战、没有退路的状态下。这时，他们的潜力往往就会被激发出来，就可能做到别人做不到的事情。

“天才在于勤奋”，如果没有勤奋，即使再聪明的天分，再好的学习条件，也不可能成为有所作为的人。所以广大的中小学生一定要培养勤奋的习惯，让美好的理想化作日复一日的具体行动，并在行动中体现自己的价值、实现自己的目标。

要杜绝“空话”

伟大的科学家爱因斯坦总结多年的经验得出：成功 = 艰苦的劳动 + 正确的方法 + 少说空话。可见，少说空话是取得事业成功所不可缺少的。我们要杜绝“空话”，做谦虚之人。

1. 空谈、空话会误人。空谈的风气从什么时候开始的？这是个很难回答的问题。先秦诸子百家中，和儒家、法家各家并列的，是不是有个空谈家，已经不可考。但是当时的许多学派，特别是老庄学派，其言论中含有大量的空谈，却是事实。庄子的思想本来有两面：既有进步的因素，又有反动的成分；既有“入世”——密切联系现实的东西，又有“出世”——脱离现实的“玄而又玄”的玩意儿。到了魏晋时，由于政治动荡，现实问题碰不得，一些文人便转向老庄的“出世”思想。于是，不问世务，高谈玄理成了整个社会的风气。

南朝刘义庆的《世说新语》里，保存了大量的轶闻。现举几例如下：一个是空谈起来饭也不愿吃的例子。一次，著作郎孙安国和中军殷渊源两个人吃饭时辩难起来，你争我辩，各不相让，一顿饭冷了又热，端上来几回也没人理；两个拂尘乱甩，以至尾毛落满了饭菜，最后还相对讽刺，戏谑了起来。

一个是空谈起来不顾性命的例子。据说，卫玠向来羸弱，老娘禁止他空谈。但是有一次，他在大将军王敦家里见到谢鲲以后，癖好相投，忘乎所以，竟然通宵达旦地谈起那些深远精微、玄而又玄的玩意儿来。当时，作为主人的王大将军竟然插不上一句话。结果累得卫玠一病不起呜呼哀哉了。

再一个是为了顾命不许空谈的例子。谢朗，在他还是孩子的时候，就染上了空谈的恶习。一次，他患病初愈，还没有恢复健康，就跟林道人谈起玄来。他的守寡母亲王夫人害怕累坏了他，一再打发人催他回去，无奈别人不让他走，害得王夫人只好亲自出马哀求说："新妇少遭家难，一生所寄，惟在此儿！"淌着眼泪强把小儿拉回家去，才算没有闹出再病不起的大乱子来。

然而，无论是空谈挨饿也好，空谈丧命也好，都还只是有害于个人。实际上，空谈岂止是只有害于个人呢？

2. 空谈误国。在我国历史上，说空话、说大话而造成灾难性后果的例子，是屡见不鲜的。其中最著名的莫过于赵括和马谡的故事。

赵括是战国时候赵国名将赵奢的儿子。他自幼研读兵法，谈起用兵之道来，连他父亲赵老将军也难不倒他。赵奢死后，赵括代替廉颇为将。长平一战，赵括所率的赵国军队一败涂地，他本人也死于乱军之中。对于赵括其人，赵国的大政治家蔺相如是看透了的："括徒能读其父书传，不知合变也。"意思是，赵括只会死读他父亲留给他的书本，只能空谈打仗，不懂得灵活应变。这一点正是长平惨败的重要原因。这个故事给了后世非常深刻的教训，人们据此创造了"纸上谈兵"这样一个几乎人人皆知的成语。

马谡拒谏失街亭，孔明挥泪斩马谡的故事，更为人们所熟知。刘备曾评价说："马谡言过其实，不可大用。""言过其实"者，吹牛、说大话、说空话也。这就是说，刘备早就看出马谡的致命弱点——好说大话、空话，并且提出了这样的人不宜重用的正确意见。

3. 空谈、空话，既会误人，又会误国。如果形成一种社会风气，是极其有害的。

鲁迅先生针对魏晋时代的社会风气说："社会上……许多人只会无端地空谈和饮酒，无力办事，也就影响到政治上，弄得玩'空城计'毫无实际了。"这就是说，信用"言过其实"的马谡，会弄得诸葛亮军事上唱"空城计"；一个国家、社会成天空谈，空话满天飞，不务实际，则是要弄得政治上唱"空城计"的！而靠唱"空城计"，能够持久么？这就无怪乎魏晋南北朝国力那么衰弱了。

今天，在我们的生活中，说大话、说空话、说套话、说假话的情况，绝不能认为已经绝迹，它们还在或大或小、若明若暗地羁绊我们前进的脚步。中国要搞经济建设，实行对外开放、对内搞活，如果偏重于说空话、大话、假话，就会有害于我们的经济建设，就不能提高我们国家的经济实力，就会落后于世界民族之林，这是值得我们警惕的。

至于说有的人矫枉过正，把革命理论、必要的思想教育，以及政治课、报告会等一概笼统地归结为"空话"，这也是应该加以纠正的另一种倾向。青少年朋友们，杜绝"空话"，从大处说是国家实现四个现代化的需要；从小处说是每个人做到的实事求是的起点。愿我们杜绝"空话"，做谦虚之人，拿出实干精神来，多学知识，多习本领，多作贡献！

培养耐性和毅力

毅力是人们为了实现某种目的，在行动中自觉克服困难时所表现出来的心理过程。坚强的意志是一个人成才的必要条件。当前，由于生活水平的较大提高，许多家庭只有一个孩子，优越的生活条件，加之长辈的过分溺爱，懒惰、意志薄弱成了当代青少年的显著弱点。

现在的一些青少年学生虽然有远大的理想和崇高的志向，但大多都缺乏坚韧不拔的精神和百折不挠的意志，怕吃苦，经不起挫折，浅尝辄止，结果什么也干不成。所以，加强毅力的培养使他们具备较强的适应能力，是青少年工作中的一个重大的课题。既要让青少年在创设的环境中去感受、体验，接受锻炼，也要培养他们的各种适应能力，锻炼意志品格，强化个性，提高他们在逆境中的适应力和抗挫折的承受力。

毅力作为人的素质的重要部分，表现形式是多样的，主要分为顺境和逆境中的表现。在顺境中，青少年所处的环境条件比较优越，毅力主要表现为对各种诱惑的抵抗和对自身惰性的战胜。而逆境是青少年处于不利于自身发展的不顺利的境遇，如青少年身受残疾，家庭条件较差负担很重，或经受偶然事故的打击和学业失败，等等。

加强耐性及毅力的培养对增强青少年的适应能力，提高他们的经受挫折的能力有重要的意义。毅力缺乏、意志薄弱的青少年，可以从以下几个方面努力来提高自己：

1. 从小事做起。青少年应在自身不断成长的过程中，将自己远大的志向同日常学习、生活联系起来，把每一个困难都当成“千锤百炼”磨练意志的考验。青少年学生应多注意不引人注意的小事，在克服这些小事的过程中不断锻炼日积月累的毅力。

2. 加强体育锻炼。喻立森在《教育学教程新编》中提到：“体育锻炼是一项磨练意志的有效形式，体育活动更需要有毅力的配合、参与。意志力的形成离不开体育锻炼。”可见，体育活动能够锻炼人的毅力。因此，青少年应积极参与相应的体育活动，在体育锻炼中增强自己吃苦耐劳、团结协作的精神和自我约束的能力。

3. 在纪律中自我约束。青少年应有意识地通过制度和纪律来约束、规范自我的行为，养成遵守纪律的意识和习惯。青少年通过纪律来自我约束，不但有利于他们养成良好的习惯，而且在这种习惯的形成中也利于他们意志的坚定、毅力的增强。

4. 重视集体的功效。在集体的环境中，青少年常常考虑到他人对自己的评价和看法，为了提高自己在同学老师心中的地位，他们通常能够更严格要求自己，并且在各个方面做得很好，往往也能做到最后。所以，青少年应更多地将自己融入到集体的学习以及生活中，在集体的环境下培养自己的集体荣誉感和责任感，为集体的目标而团结协作、共同努力。

一定要珍惜时间

著名的物理学家爱因斯坦认为：“人与人之间的最大区别就在于怎样利用时间。”每一个人出生时，上苍赐予他们最好的礼物就是时间。不论对穷人还是富人，这份礼物是如此公平：一天 24 小时，每一个人都用它投资来经营自己的生命。

珍惜生命的人，从来不浪费时间。他们把点点滴滴的时间都看成是浪费不起的珍贵财富，把人的脑力和体力看成是上苍赐予的珍贵礼物，它们如此神圣，绝不能胡乱地浪费掉。常听人们说：“时间就是金钱”、“时间就是生命”、“时间就是知识”……这些都恰当表达了时间观念的重大意义。

贝尔在研制电话时，另一个叫格雷的也在研究。两人同时取得突破，但贝尔在专利局赢了——比格雷早了 2 个小时。当然，他们两人当时是不知道对方的，但贝尔就因为这 120 分钟而一举成名，誉满天下，并获得了巨大财富。

在日常生活中，具有时间观念的人，都很守时。守时，是一种道德行为。你迟到了，就是浪费了别人的时间。列宁就是严格守时的人，他组织召开的会议，不管到会有多少人，他总是要求准时开会。会议桌上摆着一个带秒针的钟，迟到的人都要被记录下名字，并且注明迟到几分钟。列宁严肃地警告一再迟到的人：“再迟到就要登报”。

每一个人都没有理由不严格地遵守时间，而对于正在学习的中小学生来说，能否安排好时间，与学习效率有很大的联系。那些不珍惜时间或安排时间不合理的同学，往往缺少自我控制的能力，缺乏不断前进的动力。所以，广大的中小学生一定要珍惜时间，不可做事拖延，浪费时间。

拖延的人对待事情的典型态度就是：把时间延长，不迅速办理。拖延的人缺乏行动力，一有时间，他们首先想到的就是立刻拖延：过会儿再做，明天再做，后天再做，先喝点什么、吃点什么，资料似乎还没有整理好，现在很累、很疲惫，今天很懒，得先睡觉，我休息一下……总之，拖延的人总能找到一些借口来告诉自己为什么现在不能行动。拖延的人总让宝贵的时间从指缝间溜走却丝毫不觉得心疼。拖延是人类生命的杀手。

首先，中小学生应该认识到，人最宝贵的是生命，而拖延却是浪费时间、浪费生命的罪魁祸首。

一个危重病人在他生命中的最后一分钟，死神如期来到了他的身边。在此之前，死神的形象在他脑海中闪过几次。他对死神说："再给我一分钟好么？"死神回答："你要一分钟干什么？"他说："我想利用这一分钟看看蓝天白云，看看田园村舍，想想我的朋友和亲人。"

死神说："你想得很好，但我不能答应。原本你有足够的时间去做这一切，但你却没有像现在这样珍惜。看看你的生命时间记录吧：在 60 年的生命中，你有 1/3 的时间在睡觉；剩下的 30 多年里你经常拖延时间；感叹时间太慢的次数达到了 10000 次，平均每天一次。上学时，你拖延完成家庭作业；成年后你抽烟、喝酒、看电视，虚掷光阴。做事拖延的时间从青年到老年共耗 36500 个小时，折合 1520 天。做事有头无尾、马马虎虎，使得事情不断地要重做，浪费了大约 300 多天。因为无所事事，你经常发呆；你经常埋怨、责怪别人，找借口、找理由、推卸责任；你利用工作时间和同事侃大山，把工作丢到了一旁毫无顾忌；工作时间呼呼大睡，你还和无聊的人煲电话粥；你参加了无数次无所用心、懒散昏睡的会议，这使你的睡眠远远超出了 20 年；你也组织了许多类似的无聊会议，使更多的人和你一样睡眠超标；还有……"

说到这里，病人断了气。死神叹了口气说："如果你活着的时候能节约一分钟的话，你就能听完我给你做的时间记录了。哎，真可惜，世人怎么都是这样，还等不到我动手就后悔死了。"

拖延让人在无形之中失去生命而不自知，当人们领教它的杀伤力的时候，往往已经是生命的终点，后悔都来不及了。

其次，中小学生还应认识到，遇事拖延的人，总会找到各种各样的借口或理由，实际都是站不住脚的，只是自欺欺人罢了。

是什么让有些人遇事喜欢拖延呢？

1. 总是担心自己可能做不好，并受到别人的嘲笑，这是他们喜欢拖延的原因。

很多人因为自卑低估自己的形象、能力和品质，总是拿弱点跟别人的长处比，觉得自己什么都不会，什么都不如别人。自卑的人，一次偶然的挫败就会令他垂头丧气、一蹶不振，将自己彻底否定，觉得自己一无是处、窝囊至极。越自卑，越抬不起头来。

2. 做事计划水平太差，反复的次数太多，这些人常常是拖延而不自知。

有的同学常常觉得自己一直很努力地学习，但是又看不到自己的学习成绩。我们来看下面这个故事。

有兄弟 3 人在同一家公司工作，但 3 个人薪水差别很大。老大只是普通工人的工资，老二则是老大的 2 倍，老三却是老二的 10 倍。

老大觉得自己跟老二、老三做同样的工作，拿的薪水却低那么多，很不平衡，就去找老板讨个说法。老板说："这样吧。现在码头上来了一批货物，我们正需要，你们去帮我了解一下这批货物的价格吧。"

老大回到自己的办公室打了个电话，问了一下，只用了几分钟就回来跟老板做了汇报。

老二立即打车去了码头，过了 2 个小时满头大汗地回来了。他报告说，自己在码头上找到了货主，向他仔细询问了价格，并且带了一份报价单回来。另外，他还亲自去看了货物的质量，算是上等的好货。

老三去了半天才回来。他报告说："我去码头看了货物，向货主询问了价格，并且约定 2 天之内如果跟他们订货，价格必须维持在现在的水平上，签了协议书。另外，这条船本周还要出航，如果我们需要的话，价格应该还可以再降点。回来的路上，我又顺便去看了两家同样的货店，其中一家的质量与他们的相当，价格高一点。另一家的质量略次一点，但价格却便宜很多。现在如果需要的质量不是很高，我们可以不用船上的货，而如果需要质量好的话，就可以立即向船上订货了。"老大和老二听了，不由地低下了头。

其实生活中的很多事情，如果跑一趟可以解决，为什么要跑两趟、三趟呢？但是很多人因为对自己要做的事情缺乏良好的规划和统筹，常常在这种无意义的重复和劳累中虚耗了生命。

3. 在很多其他的所谓休闲活动中不断地拖延和浪费时间。

最后，中小学生应学会对付拖延的3大秘诀是：马上行动、提高速度和效率、不找任何借口。

马上行动：有人问推销大王汤姆·霍普金斯："你成功的秘诀是什么？"他回答说："每当我遇到挫折的时候，我只有一个信念，那就是马上行动、坚持到底。成功者绝不放弃，放弃者绝不会成功！"我们只有坚持一个信念，就可能改变生命。

提高行动的速度和效率：拿破仑说："行动和速度是制胜的关键。"要想提高行动的速度和效率，就需要建立秩序。

不给自己找任何借口：有的人习惯于为自己找理由，而且还矢口否认是在找借口。要改掉拖延的习惯，必须确立这样一种信念：只要自己的时间被拖延了，任何理由都不能为自己找回这些时间，那么既然自己已经做错了，就必须立即纠正。

有条不紊地做事

有条不紊做事的习惯，从长远来看，是要对人生有规划；从细节方面来说，则是要使日常生活有规律、时间安排有计划；在自我意识层面上，则是要使自我管理有条理。

首先，对人生有规划，做好生涯设计，走好关键的路，更容易获得成功。每个人一生中关键的路并不多，走好了几个关键的步骤，获得成功的可能性就会更大。

有一个人希望将来能够从商，但在报考大学时，他没有直接选择商业管理类的专业，而是选择了机械工程专业。因为机械工程是制造业的基础，了解了产品生产的基本程序，就更容易掌握产品的制造成本、制造周期等方面的基础知识。

毕业后，他没有急于开创自己的公司，也没有去公司工作，而是先去政府部门当了3年公务员。他不开自己的公司并非是因为自己没有钱，缺乏运作的基础；他也没有去公司工作积累经验，因为他觉得公司的运营离不开和政府部门打交道。而到政府去做公务员，正好能了解与政府打交道的一些规则，也能了解政府部门运作的特点，还能积累一些与政府部门的关系，为将来开创自己的事业积累资源。

当了3年公务员后，他觉得已经没有什么可以学习的了，于是考取了企业管理的研究生，学习管理知识。研究生毕业后，他依然没有急于开创自己的公司，而是到一家大企业去学习企业管理中的具体运作方面的技能，了解企业管理中常见的问题。在那里学习了5年之后，既积累了各方面的知识，也具备了一定的资金实力，他终于决定开创自己的公司了。

经过长时间的调查和积累，他决定开办一家连锁销售超市。结果在短短的两三年时间里，他的公司销售额就达到了3亿美元，迅速成长为一家极具实力的企业。

这个人的成功，或许是个特例。他走的每一步似乎都凝聚了对未来目标的铺垫和思考，每一步都走得很扎实，而且很快就取得了预期的成功。事实上，更多的人都是在迷惘中开始自己的学习生活，寻找工作随波逐流，最终在浑浑噩噩中走向了平庸。

其次，中小学生应在日常生活中养成良好的生活规律。日常生活规律，主要包括饮食起居的规律、工作学习时间的规律、运动锻炼规律、游戏娱乐规律等，做到将各种日常事务进行得适当有度。

具体地说，每天起床和入睡的时间应有规律，应保证每天7~8小时的睡眠；工作、学习、劳动的时限应有规律；一日3餐应定时定量，不偏食、不多食、讲究饮食卫生，每天饮水1500~2000毫升，每顿饭的饭量应掌握在临近下顿饭时腹中略有饥饿感为宜；不强求午睡，但应平卧休息一会儿，长此坚持有利于减轻心脏负担；每天应尽量定时排便，以减轻残渣和毒性物质对肠道的不良刺激，保持腹中舒适；早晨或晚间应适度参加健身运动；每天有放松和娱乐的时间，消除疲劳，增进文化情趣；保持情绪相对稳定，少波动，不暴躁，不抑郁，乐观向上；安排好双休日的休闲时间，从事社交和健身活动。

再次，中小学生要学会有计划地安排自己的时间。有计划地安排时间，是一个人开始自主生活的标志之一。

有效利用时间的人往往不是一开始就着手做事情，而是先从时间安排上入手。人往往最不善于管理自己的时间。时间安排的要点在于时间的衔接、张弛和效率。

时间安排的衔接，有利于在最好的时间做最适合的事情。有的人做事情喜欢拖拉，往往使很容易做到的事情因延误了时机而大费周折。

时间的张弛，是指做事情要懂得有松有紧。有的人安排时间没有科学性，高兴了，连轴转不休息；不高兴了，就什么都不干，还自我安慰说："累了就得休息。"

这样三天打鱼两天晒网，只会一事无成。只有充分利用自己的时间、能够张弛有度地交替着做事情的人，才能真正发挥自己每一刻的价值。

法国著名科普作家凡尔纳每天早上 5 点钟起床，一直伏案写到晚上 8 点。在这 15 个小时之中，他只在吃饭时休息片刻，在 40 多年的写作生涯中，他记了上万册笔记，创作了 104 部科幻小说，共有七八百万字！一些感到惊异的人悄悄地询问凡尔纳的妻子，想打听凡尔纳取得如此惊人成就的秘诀。凡尔纳的妻子坦然地说："秘密么，就是凡尔纳从不放弃时间。"

最后，中小学生应学会自我管理。有条不紊地做事就是要把自己的事情管理得井井有条，能分辨事情的轻重缓急，能根据需要及时调整时间表，会统筹安排。这可以分 4 个步骤来完成。

1. 把自己的事情管理得井井有条。主要是要做到心中有张计划表，上面列着自己要做的事，需要做的准备。这些准备要形成习惯，尽量不需花时间思考就能做好。

2. 对待事情要分轻重缓急。仅仅建立工作待办事项的清单是不够的，还必须理清各项任务之间"轻重缓急"的关系，否则很可能会陷入琐事的地狱中。花费庞大的心力处理其实并不是那么重要的事情，不仅会延搁了真正要紧的事，还会为日后埋下危机的隐患。

3. 能根据需要及时调整时间表。时间表制订下来一般是不能轻易修改的。但是有的时候遇到紧急情况、突发事件，就需要及时修改了。要让自己的时间表略有弹性，事情之间有过渡，这样就便于安排了。

4. 还要做到统筹安排。统筹安排，就是指在做很多事情的时候，有些事情是可以并在一起做的。譬如，我们可以在烧菜的时候，趁着空余时间来摆放桌椅，而不必等菜全部烧好了，再去摆放桌椅。

学会按规则做事

按规则做事情的习惯，是指做事情有规律，按照客观需要和现实要求去做，而不是只一味地凭自己的想像，想怎么干就怎么干。有所成就的人，多数做事情都讲究规则，特别是那些最简单的规则。

那么，如何才能学会按规则做事呢？首先，中小学生应该明白，按规则办事是人类学会共处的基本准则。

如果每个人只从自身利益出发，不遵守公共规则，不考虑他人的意愿，这世界必定永无宁日。

内地有位颇有名气的企业家到香港办事，他住的地方到停车场要经过一段“S”形草地。一天，因出门晚了，他便走直线从草地越栏杆上车。一位年轻的香港警察发现后，立即走了过来，很有礼貌地给他撕了张处罚280元港币的罚单。

他只好向警察“认错、赔不是、作解释”且保证“下不为例”。之后，便收起罚单开车走了。谁知，一周后却收到了法院的传票。早已把此事置于脑后且认为问题当时已经解决的他，感到莫名其妙。

询问律师方知，“按香港法律，一个星期不到指定地点交罚款，法院就传你，再不理睬，就要拘捕你。”听此，他请求律师帮忙“疏通”一下。可律师告诉他：“我不会去疏通。最好的办法，就是老老实实认错受罚。”

他没辙，开庭那天面带微笑老实认错。岂料，一看罚单却多1倍，感到不解。法官解释说："违反了法规，自己也承认，可是见法官就笑，这本身就是藐视法庭，所以加重处罚。"听后，他无言以对，倍受震动。

也许有些人会觉得是小题大做、不可思议。但在香港从警察、律师到法官，大家忠于职守，环环紧扣严肃执法，人人以实际行动维护法律法规的尊严。相形之下，内地就显得逊色。至于"惩罚微笑"，则与内地形成了很大反差。从一定意义上，正是这看似"无情"的做法，才得以维护和始终保持法律法规的"威严"和"刚性"，而非因人而异有"弹性"。

按规则做事，虽然有时候显得不太灵活，但可以帮助我们的大脑不至于因太累而丢三落四。

其次，广大的中小学生应该认识到，不按规则做事情的危害往往不易察觉，只有发生了问题的时候，才会发现其严重性，但往往为时已晚。

根据各交通和警察部门的统计，2008 年，全国共发生道路交通事故 265204 起，造成 73484 人死亡、304919 人受伤，直接财产损失 10.1 亿元。目前，我国的道路交通事故死亡人数在全国总死亡人数中排在脑血管、呼吸系统、恶性肿瘤、心脏病、损伤与中毒以及消化系统疾病后面，居第 7 位，而全世界的道路交通事故死亡人数在总死亡人数中居第 10 位。

交通事故为什么造成这么多人的死亡，造成众多家庭的悲痛？这与人们不遵守交通规则是密不可分的。人们常说："不遵守交通规则，不一定发生交通事故，但是发生交通事故，一定有人不遵守交通规则。"对社会大众来说，交通规则并不复杂，但是做到完全不违反交通规则的又有几人呢？

按规则做事的人，对规则有清楚的认识，会在规则范围内行事，而不是处处超越规则，做"特殊人"。

公平是一项重要的做事规则。有的人常常通过权力、金钱、关系等谋取一些不正当的特殊利益。这种做法就严重违反了公平的规则。对孩子来说，尝试破坏公平规则的做法，只会对其成长带来不利。

有一位中学生，她的成绩虽然不是班里最好的，但也还不错，只是有些娇气。她的母亲是教育局的一位干部，经常请学校老师多关照自己的孩子。老师见"上面"发话，哪敢不照办？于是，这个女孩从小学到中学，一直吃着"偏饭"。学校里的三好学生非她莫属，即使需要投票选举，老师也会想一切办法给她弄个指标；学校里的各项活动，也非她莫属，参加作文比赛，本来班里有好几位同学的作文水平都比她高，但老师还是选择了她；到电视台做小嘉宾，明明是知识竞赛方面的，她一点也不感兴趣，但老师还是劝她去，说这样可以锻炼能力……结果，由于受到格外关照，这个女孩在班里一直没有什么威信，同学们因此而孤立她，使她内心感到很痛苦。另外，在一直受照顾的环境里生活，也使她渐渐形成了不能经受挫折的性格，遇到一点批评就掉眼泪。

诚实也是一项重要的规则。一个社会只有讲求诚信，才能良好地运转下去。有一名在德国的中国留学生，毕业时成绩很优异，但在德国求职时，被很多家大公司拒绝，于是选了一家小公司去求职，没想到仍然被拒。这位留学生想知道是什么原因让他遭拒的。德国人给留学生看了一份记录，记录他乘坐公共汽车被抓住过3次逃票的经历。

德国老板说："从你的材料上看，你确实很优秀，而且我们也很需要一个像你这样有能力的人才。但是，我们发现你竟然有过3次逃票被抓住的记录。第一次，被抓住的时候，你解释说自己是刚刚到这里，对乘公共汽车的规则还不熟悉，售票员相信了你的话，只是让你补票了事。但是后来又有2次，怎么解释呢？我们认为一个人在三毛两角的蝇头小利上都靠不住，还能指望在别的事情上信赖他吗？"

在德国抽查逃票一般被查到的概率是3/10000，这位高材生居然被抓住3次逃票，在严谨的德国人看来，大概那是永远不可饶恕的。

在一个成熟的社会里，只要有证据表明你是一个信誉良好的人，信誉就是你的通行证。而讲规则，确是能让人获得更高信誉的法宝。

应学会要事第一

做事高效的人，不但珍惜时间，有条不紊地进行工作和学习，还往往都是把最重要的事情放在第一位。要事第一，常常能使繁琐无序的大量事务变得井然有序起来，帮助人们节省更多的时间处理更多的事情，提高工作、生活和学习的效率。

首先，懂得要事第一的人，很容易分出事情的重要程度，十分清楚哪些事情可以缓一缓，而不会兴之所至，便不顾一切。

基辛格小时候很贪玩。有一次他把自己的书包放在离家不远的一个杂货铺里让老板看着，自己就去玩了，后来竟然忘记了书包的事情，径直回家了。父亲沉下脸来问：“书包哪里去了？”情急之下，基辛格撒谎说晚上在同学家做作业，把书包放在同学家里了。没想到，父亲从桌子底下拿出了他的书包，当场揭穿了他的谎话。原来父亲去杂货铺买东西，看到了他的书包，便帮他拿回来了。

就在基辛格要受训斥的时候，母亲赶来说：“以后出去玩可以，但不能忘记学习，一切应该以学习为重，学完之后再去找同学玩会玩得更痛快。”基辛格承认了自己的错误。此后，他做完功课后会把书包放在杂货铺老板那里，并说：“我妈妈会来取的。”

对于多数人来说，阻碍他们没有把重要的事情放在第一位的原因，并非他们不知道哪些事情更重要，而是他们没有考虑过将要做的几件事情中，哪几件可以缓一缓。这将使他们无法为重要的事情挪出时间。

小安喜欢的电视剧就要开演了，可是他的作业还没有做完。这时候他有两个选择，一是放下作业，先看电视，因为电视节目的时间是固定的，而作业的时间可以自行安排。二是先做完作业，再看电视，因为如果作业做不完的话，就会影响第二天的学习，而电视即使不看，对自己的学习也不会造成多大的影响。

两种选择都有各自比较充分的理由，如何选择？哪一件事情事实上更应该缓缓？这需要当事人自己来判断，正确的判断能够保证人们更顺利地成长。

其次，懂得要事第一的人，能抗拒各种诱惑。

诺贝尔物理学奖获得者伊瓦尔小时候，也曾经在诱惑面前没能控制好自己，甚至一度物理考试不及格。一天，他拿着不及格的物理试卷不知道怎样对爸爸说，不知不觉又走到了娱乐中心。在一个台球桌前围着许多人，伊瓦尔费力地挤了进去。一个高高瘦瘦的男子正眯着一只眼，用击杆瞄准一只球。那个男子频频击球，球一个个滚进网兜。伊瓦尔与人群一起欢呼着，他稚嫩的童音引起了那个男子的注意。他和蔼地问伊瓦尔会不会，伊瓦尔受不住周围人的起哄，把手中攥了好久的试卷往兜里一塞，将书包放到旁边，勇敢地接过了男子的击杆。

他眯着眼，找到目标，将杆对准，推杆，球准确地落进了网里。人们热烈地鼓起掌来。伊瓦尔兴奋地频频推杆，球一个个都滚进了球网。伊瓦尔放下击杆，擦擦汗，仰起脸，无声地望着那位中年男子。中年男子赞赏之意溢于言表，不过他没有评价小伊瓦尔高超的球技，只是轻声提醒道："小家伙，天色已经很晚，你应该回家了。"这话像一盆冷水浇到伊瓦尔头上，刚刚升腾起来的骄傲感荡然无存。他低下头。

在诱惑面前，人们最容易放弃自己最应该做的事情。广大的中小学生也是一样，在游戏和享乐面前，常常忘记了自己最重要的事情。如果当初那位中年男子不提醒伊瓦尔，伊瓦尔很可能继续沉湎于娱乐的诱惑之中。

懂得要事第一的人，常常能进行有效的个人管理。懂得要事第一的人能很好地给自己的日常事务划分轻重程度，并且规定优先等级。这样有助于在进行二择一或者多择一的时候提醒自己应该选择什么，也有助于在兴之所至、忘乎所以时提醒自己是否应该继续下去。

有效的个人管理方法须符合以下标准：

1. 一致。个人的理想与使命、角色与目标、工作重点与计划、欲望与自制之间，应和谐一致。

2. 平衡。管理方法应有助于生活平衡发展，提醒我们扮演不同的角色，以免忽略了健康、家庭、个人发展等重要的人生层面。有人以为某方面的成功可补偿其他方面的遗憾，但那终非长久之计。难道成功的事业可以弥补破碎的婚姻、孱弱的身体或人格的缺失？

3. 有重心。理想的管理方法会鼓励并协助你，着重于虽不紧迫却极重要的事。最有效的方法是以一星期为单位制订计划。一周 7 天中，每天各有不同的优先目标，但基本上 7 日一体，相互呼应。如此安排人生，秘诀在于不要就日程表订定优先顺序，应就事件本身的重要性来安排行事历。如果有时候重要的事情被打断了，过后要及时完成，即使时间比较晚了，也不能拖到第二天。

4. 重人性。个人管理的重点在人，不在事。行事固然要讲求效率，但以原则为重心的人更重视人际关系的得失。因此有效的个人管理偶尔需牺牲效率，迁就人的因素。毕竟日程表的目的在于协助工作推行，并不是要让人为进度落后而产生内疚感。不随便占用别人的宝贵时间，是对别人的尊重，也是对自己的尊重。这样做既有利于别人的工作效率，也有利于自己的事情进展更顺畅，避免因相互影响而造成不必要的耽搁和延误。

5. 能变通。管理方法应为人所用，视实际需要而调整，不可一成不变。有了错误及时纠正和弥补是十分重要的。也许有的人习惯于为了自己的面子，而不承认自己的错误，但在无形之中，却失去了更重要的东西，例如时间和友谊；也得到了另外的东西，例如孤独和烦躁。

要学会与人合作

善于合作，是指在需要相互配合的事情上能够与别人协调一致，做好自己的那个部分。在合作中，要学会乐于助人、虚心请教别人、团结友善、平等待人。

中小学生要学会与人合作，首先就要意识到，乐于助人，能让人在帮助别人克服和渡过困难的过程中获得朋友。

乐于助人是一种传统的美德。助人的关键不在于拥有多少资本，而在于诚心诚意地、不计回报地去做。

穷苦的苏格兰农夫弗莱明一天在田里工作时，听到附近泥沼里有人发出求救的哭声。于是他放下农具跑过去，发现一个小孩掉到了里面，连忙把这个孩子从死亡的边缘救了出来。

隔天，被救小孩的父亲——一位优雅的绅士到弗莱明家里致谢，并要报答他。可是他谢绝了绅士的报答。绅士看到他的儿子后，请求他答应让自己带走他的儿子，让其接受良好的教育，成为令他骄傲的人。这次他答应了。

后来弗莱明的儿子从圣玛利亚医学院毕业，成为举世闻名的弗莱明·亚历山大爵士，也就是盘尼西林（青霉素）的发明者。他在1944年受封骑士爵位，且得到诺贝尔奖。

数年后，绅士的儿子染上肺炎，是盘尼西林救活了他的命。那绅士是谁？上议院议员丘吉尔。他的儿子是谁？英国政治家丘吉尔爵士。

乐于助人，不计回报，常常能收获更大的回报。这种回报，是对人们美好品格的奖赏。让别人在自己的帮助中看到你的能力和品质，还能获得意想不到的机会。

其次，中小学生还应认识到，善于虚心请教别人，才能把精力放在自己最擅长、最能有效地发挥自己能力的方面，摆脱烦琐事务的纠缠。

即使是最聪明的人，也不可能一个人做好所有的事情，必须要懂得与人合作，尤其是善于虚心请教别人。

管仲是我国古代有名的治国贤才，齐桓公不避前嫌重用管仲，把齐国治理得强盛起来，还辅佐齐桓公成就了一代霸业。这使得齐桓公十分关注有才干的人。他决心广纳贤才，命人在宫廷外面燃起火炬，照得宫廷内外一片红红火火，一方面造成声势，一方面也便于日夜接待前来晋见的八方英才。然而，火炬燃了整整1年，人们经过时除了发些议论或看热闹外，并无人进宫求见。大臣们面面相觑，不知是何原因。

有一天，竟然来了一个乡下人，在宫门口请求进去见齐桓公。他说自己能熟练地背诵算术口诀，门官报告给齐桓公，齐桓公觉得十分好笑，让门官回复乡下人，说念算术口诀的才能太浅陋了，让他回去。但乡下人却不卑不亢地说：“听人们说，这里的火炬燃烧了整整1年了，却一直没有人前来求见，我想，这是因为大王的雄才大略名扬天下，各地贤才虽然敬重大王、希望为大王出力，但又深恐自己的才干远不及大王而不被接纳，因此不敢前来求见。今天我以念算术口诀的才能来求见大王，我这点本事的确算不了什么，可是如果大王能对我以礼相待，天下人就会知道大王真心求才、礼贤下士的一片诚意，何愁那些有真才实学的能人不来呢？泰山就是因为不排斥一石一土，才有它的高大；江海也因为不拒绝涓涓细流、广纳百川，才有它的深邃。古代那些圣明的君王，也要经常去向农夫樵夫请教，集思广益，才会使自己更加英明起来啊！”

齐桓公听了这番话，认为乡下人说得很有道理，马上以隆重的礼节接见了他。这件事很快传开了，不到一个月，各地贤才纷纷前来，络绎不绝。

人永远不是孤立的，在合作中得到的力量是巨大的。虚心请教别人，请求别人的帮助，也是一种能力。有的人自以为是，总觉得别人都不如他，对别人意见总是不理不睬，因此每当获得了成功总会归于自己的聪明，而遇到了问就抱怨别人太笨。这样的人往往没有朋友，也很难取得真正的成功。

再次，中小学生要想学会与人合作，就要先学会团结友善。团结友善，要求对待别人的时候，要和善，充满友谊和温情。人间充满真情才温暖。

在一个又冷又黑的夜晚，一位老妇人的汽车在郊区的道路上抛锚了。她等了很久，好不容易有一辆车经过，开车的男子见此情况二话没说便下车帮忙。

几分钟后，车修好了，老人问他要多少钱，男子谢绝了她的好意，并说还有更多的人比他更需要钱，不妨把钱给那些比他更需要的人。

他们各自上路了。老妇人来到一家咖啡馆，一位身怀六甲的女招待立刻为她送上一杯热咖啡，问她为什么这么晚还在赶路。老妇人讲了刚才遇到的事，女招待听后感慨世上的好人难得。老妇人问她怎么工作到这么晚，女招待说为了迎接孩子的出世而需要第二份工作的薪水。老妇人听后执意要女招待收下200美元小费。女招待惊呼不能收下这么一大笔小费。老妇人却回答说：“你比我更需要它。”

女招待回到家，把这件事告诉了她的丈夫，她丈夫大感诧异，世界上竟有这么巧的事情。原来她丈夫就是那个好心的修车人。

想得到爱，先付出爱；要得到快乐，先献出快乐；只要播种，终会收获。现代社会，合作常与竞争并行，合作中的竞争因其隐蔽性显得愈发激烈，但仍然要有一颗团结友善的心，在合作的前提下竞争。

最后，广大的中小学生不要忘记，平等待人永远都是合作的基础。否则，我们将在不经意间失去朋友的友谊、亲人的亲近。

阿尔倍托和维多利亚女王夫妻感情和谐，但是也有不愉快的时候，原因就在于妻子是女王。

有一天晚上，皇宫举行盛大宴会，女王忙于接见贵族王公，却把她的丈夫冷落在一边。阿尔倍托很生气，就悄悄回到卧室。不久，有人敲门，房间里的人很冷静地问："谁?"

敲门的人昂然答道："我是女王。"

门没有开，房间里没有一点动静。敲门人悻悻地离开了，但她走了一半，又回过头，再去敲门。房内又问："谁?"

敲门的人和气地说："维多利亚。"

可是，门依然紧闭。她气极了，想不到以英国女王之尊，竟然还敲不开一扇房门。她带着愤愤的心情走开了，可走了一半，想想还是要回去，于是又重新敲门。里面仍然冷静地问："谁?"

敲门的人委屈又温和地说："你的妻子。"

这一次，门开了。

其实，只要我们平等地对待生活中的每个朋友、亲人、一面之缘的人，他们也会一样平等地对待我们。

善于做自我反省

反省是自我认识水平提高的动力，反省是对自我的言行进行客观的评价，以便认识自我存在的问题，修正偏离的人生航线。

人们之所以要经常反省，是因为人不是完美的，总要有个性上的缺陷、智慧上的不足，而作为中小学生更缺乏社会历练，常常会说错话、做错事。反省的目的在于建立一种监督自我的畅通的内在反馈机制。通过这种机制，我们可以及时知晓自己的不足，及时纠正认识上的偏差。

良好的反省机制是自我心灵中的一种自动清洁系统或自动纠偏系统。反省是砥砺自我人品的最好磨石，洞察能使你的想象力更敏锐，它能使你真正认识自我。

有一个人向智者抱怨说自己很努力却总不能成功：“我每天都在拼命地工作，工作，我一刻也没闲住过。”智者微笑着问他：“那么你什么时间来反省和总结自己呢？”

著名作家李奥·巴斯卡力，写了大量关于爱与人际关系方面的书籍，影响了很多人的生活。

据说，他之所以有这样卓越的成就，完全得力于小时候父亲对他的教导。小时候，每当吃完晚饭时，他父亲就会问他：“李奥，你今天学了些什么？”这时李奥就会把学校学到的东西告诉父亲。如果实在没什么好说的，他就会跑到书房拿出百科全书学一点东西告诉父亲后才上床睡觉。

这个习惯他后来一直维持着，每天晚上他都会拿多年前父亲问他的那句话来问自己，若当天没学到点什么东西，他是绝不会上床的。这个习惯时时刺激他不断地吸取新的知识，产生新的思想，不断进步。

反省是认识自我、发展自我、完善自我和实现自我价值的最佳方法。成功学专家罗宾认为：我们不妨在每天结束时好好问问自己下面的问题：今天我到底学到些什么？我有什么样的改进？我是否对自己所做的一切感到满意？

如果你每天都能改进自己的能力并且过得很快乐，必然能够获得意想不到的丰富人生。真诚地面对这些提出的问题就是反省，其目的就是要不断地突破自我的局限，省察自己，开创成功的人生。

反省的方式可以灵活多样，至于反省的方法，有的同学写日记，有的同学则静坐冥想，只在脑海里把过去的事拿出来检视一遍。只要我们关注自身的发展，我们就无法回避自我。

我是谁？我能干什么？我做得怎么样？我要到哪里去？茫茫的人生旅途中，我们都必须亮起一盏心灯，时时叮嘱自己：一路走好。只有这样，我们的成功之路才能越走越宽广。

犯错误勇于承认

成长过程中的青少年，生理机能的发育和心理发展还不成熟，常会说错话、做错事，这是难免的，在成人的帮助下能认识错误，改了就好。

可是有的青少年做了错事不肯认错，倔犟、执拗，甚至用撒谎来掩盖错误，导致家长、老师和同学的不信任。这样，犯错误——逃避或撒谎——周围人的坏印象——敌对反感——犯错误，形成一种恶性循环。

一方面，有的青少年明知道自己做错也不愿意承认，从来没有认错的习惯，这与家长的教育有关系。如孩子摔倒了，家长不教育孩子走路要当心，反而怨地不好；小孩子之间发生纠纷，家长往往是袒护自己的孩子，说别人的不是等。家长偏袒孩子，混淆了孩子的是非观念，家庭成员之间教育方法的不一致等，都是导致孩子做错事又拒绝认错的原因。

另一方面，也与孩子自身对待错误的态度有关。那么，怎么做到尽量少犯错误，犯错误后应该怎么办？

1. 了解社会规范。

对错是由社会规范规定的，要想不犯错误就得先了解社会规范。当青少年刚接触到新的事物时，并不了解社会的规范，只是按照自己的天性和兴趣来进行，特别是男孩子，顽皮、好打闹，有时会把衣服弄破，或是为了探个究竟，把新买的玩具拆得乱七八糟……

这都是由孩子的生理和心理特点造成的，他自己全然不知错。这时，家长老师就会指出哪些是该做的、哪些是不该做的，什么是对的、什么是错的。正是通过生活经验的积累，在一次次战胜错误的过程中他们不断掌握社会规范，学会辨别对与错，学到更多的本领。

2. 犯错误后要勇于承认。

每个人都会犯错误，关键是准确对待自己所犯的错误，正所谓“吃一堑长一智”。对于知道自己犯了错误而不承认的青少年，可能是因为个性强、倔犟、执拗、任性、自以为是，也可能是因为个性懦弱，他们不敢承担错误导致的后果。

应该树立承认错误是勇敢的行为的观点。既然已经做错了，勇敢承认并且改正才是唯一正确的做法。坚持自己的立场不是不对，但是明知道错了还坚持是不可取的。而犯了错误之后，不管自己怎么逃避，也是没用的。只有正视错误，才可能战胜它，下次才不会再犯。

总之，犯错误是每个人都难以避免的，人是在对错之间成长的。犯了错误不要紧，要勇敢地承认错误，知错就改，这样才能正视错误并且战胜它。

要勇于突破自我

我们常听到的激励话是：“要成功，一定要从改变自己开始。”我们也相信，必须经过挫折的不断洗礼，才能够克服挫折而改变自我，迎接成功人生。

有这样一个寓意无穷的童话：

老鼠们开会协商，决定想出一个好方法来对付出没无常的大花猫。商量到最后，老鼠们决定研发生产机械老鼠，通过欺敌的策略来引开大花猫的注意力，以方便所有的老鼠外出觅食。这个计划果然成功，每次当老鼠们放出机械老鼠时，那只大花猫总是疲于奔命地忙着追赶那机械老鼠，而让老鼠群有机可乘，免于断粮之苦。

这一天，老鼠们还是和往常一样放出了机械老鼠，大伙儿听到大花猫的脚步声越来越远，便想走出洞口。这时，有一只老成持重的老鼠制止大家的行动，说道：“等一等，今天大花猫的脚步声不对劲，需防其中有诈！”

老鼠们又等了一会儿，听见洞外传来一阵阵的狗叫声。既然有狗在附近，那只大花猫一定逃之夭夭了。大家也就安心地鱼贯走出洞口。却不料，那只大花猫居然还守在那里，当它们出来之后，全数落入大花猫的爪下，竟然无一幸免。那只老成持重的老鼠心有不甘，挣扎着问大花猫，为什么它们放出机械老鼠，又有狗的叫声，大花猫竟然还会在洞口等候。

大花猫笑了笑，回答道："你们都进步到会生产机械老鼠了，我当然要赶紧学会第二种语言啰！"

安于现状，不肯成长，这是造成人生劣势的主要原因之一。

当我们一味地责怪环境瞬息万变、难以适应，是否也静下心来，仔细想想，自己的脚步有没有变得迟缓？是否受困于自己所熟悉的领域，再没有突破现况的勇气？过去或许可以认为，只要抓住一次成功的经验，不断重复去做，就能获得最后的成功，但在21世纪科技突飞猛进的新时代里，过去成功的经验，却极可能成为今日失败的沉重包袱。

勇于突破自我的思考习惯，不再让自己停留在潜伏着危机的舒服的现状中，让自己更健全、更有应对力和竞争力。

在为人处世中认清自己和他人

认清真实的自我

每个人都有关注自我的心理，在这种心理活动的支配下大多数人喜欢照镜子，照镜子的目的无非是要检验一下自己的形象。在照镜子的时候，许多中小学生，除了看到自己动人的容貌和近乎完美的形体之外，大概就再也没有看到别的什么了。难道镜子里映照出的仅仅是你的外表吗？你是否透过这活生生的外表，看到了一个内在真实的自我？那么，自我是什么？人的自我意识是怎样形成的呢？

人的自我意识是一个不断发展的过程。婴儿出生时没有自我意识，他还没有把自己作为主体从周围世界的客体中区分出来，他甚至还不知道自己身体的各个部分是属于自己的。大约在1周岁后，孩子开始能把自己的动作和动作的对象区分开来，以后又能把自己这个主体和自己的动作区分开来。从这时起，孩子开始认识了自己与客体的关系，也认识了自己的力量。这是自我意识的萌芽。

两周岁的儿童开始认识到自己的身体的各个部分，也知道了自己跟周围世界和其他的客体是不一样的。2～3岁的儿童在与其他人的交往中，逐渐懂得哪些东西是属于自己的，哪些东西是属于别人的，并且学会了用“我”这个人称代词，这说明儿童有了真正的自我意识。能够把自己当做独立的存在来对待，学会用平等的眼光来看待自己和外界的客体，并且，能够把“主体我”从客体的世界中区分出来。

自我意识是意识的一种，是指作为主体的我对于自己以及自己与周围事物的关系的认识，尤其是人际关系的认识。自我意识相当于一面镜子，能够看见自己真正的、真实的面貌，帮助我们认清我到底是什么样的。

儿童进入学校以后，自我意识随着接触世界的增多而增加。一方面是由于儿童已能利用语言符号调节和指导自己的行动；另一方面是因为客观环境向儿童提出了一系列的要求，迫使儿童要经常按照这些要求来对照检查自己的行为，加上成人和同伴也经常按照这些要求来评定儿童的行为，因而使儿童对自我有了更多的了解。不过总的说来，小学生，即使是到毕业时，自我评价的水平还是很低的。

进入十一二岁至十四五岁间的少年半幼稚、半成熟，是独立性和依赖性、稳定性和波动性错综矛盾的年龄。就心理方面而言，少年期在个性上最突出的变化是自我意识进一步发展，表现为成熟意识迅速增长，对人的内部世界、内心品质的探索兴趣愈发强烈，性格上往往是反抗与顺从、闭锁与开放、勇敢与怯懦、高傲与自卑并存，希望独立地认识世界、评价自己，要求社会承认个人的价值与地位，但思想方法与行为方式带有很大的片面性和表面性。

少年期在认知方面最突出的特点是抽象逻辑思维逐步占主导地位，并成为思考许多问题的主要方式。在情感上热情、奔放、丰富和鲜明，但容易冲动，容易起伏。性意识有明显的发展，开始注意到两性交往关系，对异性发生兴趣，乐于接近并与之交朋友，但表现得较为拘谨和羞怯。还爱与同伴成群结队，对友情有较强的需要。

经过初中阶段生理及心理上的剧变和动荡之后，进入十四五岁至十七八岁的高中时期，又被称为青年初期。这时生理及心理趋于成熟和稳定。这一时期结束前，同学们在生理上的发育已经达到或接近人生的顶点，心理也渐渐向一个成熟的成年人靠近。

进入高中后，同学们的逻辑思维已由初中时需要经验的大力支持转向能在头脑中进行完全属于抽象符号的推导，能以理论做指导去分析、解决各种问题，并且抽象逻辑思维还具有充分的假设性、预计性和内省性。除了形式逻辑思维相当完善外，大家的辩证逻辑思维也迅速发展起来，能够从全面、运动变化和对立统一的角度去认识世界、处理问题。

这一阶段，同学们对自我形象已逐渐形成了较为稳定的看法，同时强烈地关心着自己个性的成长，有很强的自尊心和自主意识。

这时，大部分同学都非常关注价值观的问题，对人生的意义、社会与人生的关系、个人的价值目标、未来的人生走向等经常进行积极的思考。不过，也有一部分同学对社会和人生的期望带有较强的理想主义色彩，对现实中存在的弊端极为敏锐和反感，有时甚至产生愤怒或绝望的情绪。

自我认知的结构

自我认知，就是人在社会实践中，对自己的生理、心理、社会活动以及对自己与周围事物的关系进行认知。包括自我观察、自我体验、自我感知、自我评价等。

人贵有自知之明是自我认知的基本思想。自我认知要求主动地、有组织地对自我进行认知，其基本途径是：从社会交往中认识自己，交往是个体从社会获取知识和经验的源泉，交往又是一种人与人的比较，通过比较可以发现他人的长处和自己的短处，“择其善者而从之，其不善者而改之。”有目的地扩大交往，“不患人之不己知，患其不能也。”

以人为镜，不断取人之长补己之短；为人处世要涉及社会交往，社会交往是一种互动行为，要正确看待别人对自己的评价，有则改之，无则加勉；经常地反省自己。严于自我解剖，“一日三省吾身”，“行有不得，反求诸己”，“见贤思齐焉，见不贤而内自省也。”这种“自省”就是自我定性，时时总结自己的收获和差距，防止主观性、片面性，制定新的奋斗目标。自我认知的目的是经过社会生活的实践与体验，使自我适应社会环境，整合于社会。

自我认知是完整性与可分性的统一。所谓完整性，指人是一个完整的有机的统一体，认知是自我与所处的社会环境及社会群体相互作用而完成的。所谓可分性，指人的自我认知可以分成若干要素，它们按一定的结构组成认知系统，这个系统便于对自我认知进行理论研究。

美国心理学家威廉·詹姆士把自我认知分为3个要素：物质的自我，即自我的身体、生理、仪表等要素组成的血肉之躯；社会的自我，即自己在社会生活中的名誉、地位、人际关系、处境等，也是自我在群体中的价值和作用，别人对自我的大致评价等；精神的自我，即对自己智慧、道德标准、心理素质、个性的认识，如自我的能力、性格、气质如何。

詹姆士的划分方法，与弗洛伊德把人的心理分为三要素思想颇有相似之处。这三种自我的划分方法，在社会实践及心理分析时有一定的可取之处，它们对自我认知确有不同的影响，但人的行为最终由统一的自我来完成。

此外，自我还可以分为现实的自我与理想的自我，前者指一定的社会环境下，交往中以习惯行为表现的自我；后者指自我希望成为什么样子。一般说来，两者大致相同时，自我表现为一定的心满意足；当两者发生矛盾时，自我表现为一定欲望和追求。

自我呈现，又称自我暴露，指人在社会生活中，通过自己的行为、语言等方式把自己的个性及内心世界的奥秘表述和显露出来。在社会交往互动中，客体（他人）总是透过主体的自我呈现来认识主体，主体也要通过自我呈现，观察客体对自己的反应，进行社会比较和行为语言定性，从而认识自我，反省自我，调整自我，协调自我。

自我呈现表现为下列方面：

1. 正向呈现：即言行一致、表里如一地显现自我的内心世界。对人推心置腹，忠诚老实，作风正派，不夸大自己的能力，也不掩饰自己的不足，即所谓“君子坦荡荡”。社会交往中，正向呈现的自我，常能和集体群体的目标保持一致，与人平等互爱，很少利害冲突。

2. 反向呈现：即言行不一、表里不一地显现自我，内心活动与外部行为不一致。反向呈现包括两种情况，一种是普通人迫于某种压力如人际关系不正常、民主生活不健全情况下表现为反向呈现的自我，进一步分为：言不由衷，嘴里说的并非心里想的，正话反说，含讥讽意味，如旁敲侧击，指桑骂槐，冷嘲热讽，颠三倒四等；以退为进，因环境所迫，不宜自我实现而有意反相呈现；另一种是作风不正的人自然而然表现的处世行为，即所谓“小人喻于利”，属一种唯利是图之人，表现为阳奉阴违，投机钻营，两面三刀，口蜜腹剑。或表现为声东击西，混淆视听，浑水摸鱼，想方设法获取个人利益，与集体和群众的利益大相径庭。

3. 放大呈现：即在一定情况下，将自我的某些信号进行放大，以强化对别人的刺激。如谈恋爱时自吹自擂；取得一点成绩，炫耀自己的能力；高学历者在低学历者面前神气活现等。

4. 收敛呈现：即有节制地表现自己的行为，不愿或不屑表现自我的长处，缩小信号以减弱对别人的刺激，常见三种情况：年轻人在长者面前，下级在上级面前，洗耳恭听，言听计从，唯唯诺诺，随声附和等；强者在弱者面前，表示不以强凌弱，谦虚客气，大智若愚，谨言慎行等；有意收敛呈现，在一定的时期内，作为一种策略和手段隐藏自己，如韬光养晦、委曲求存、夹尾做人、低三下四、逆来顺受等。

5. 单向呈现：有目的地表现出某一特长或某一方面，给人留下深刻印象。社会交往中每个人都有自我实现的需求，自我实现的最好方式就是扬长避短，把自己的优势显露出来。如人除了专业角色外，还可以有书法、音乐、美术、舞蹈、体育、剪裁、烹饪等方面的特长，也可以显出才华来。

6. 无意呈现：未经仔细考虑，把自己的内心深处的想法不自觉地流露出来。如原形毕露、无意吐真情、不打自招、情不自禁等。

要学会自我管理

自我是一个统一的、一致的有机体。一般说来，个人的目标必须统一，只能围绕一个主要目标，而不能把许多目标作为等量齐观的主攻目标，鱼和熊掌不可兼得。如果一个人既想当科学家，又想当政治家、艺术家、文学家等，目标难以统一，精力分散，疲于奔命，潜能难以发挥。东一榔头，西一棒槌，收获甚少，便会导致自我焦虑、不安、苦恼和空虚，这称之为自我的同一性危机。

自我常被看做一种动力和行为的源泉。人要认识世界，自我是内因，世界是外因。自我总喜欢自以为是，自行其是，不愿接受别人的强迫；总喜欢自我选择、自我预见、自我决策、自我组织等；面对别人的说三道四、评头品足、干涉控制，自我会产生逆反心理，感到讨厌和不愉快，甚至公开对抗。

自我是独立的、唯一的。即便是双胞胎，也不能成为一个自我，而各是各的自我。在同一房间中，大家言谈、衣着都一模一样，人一般会感到焦虑与不安。当一个人的独立性没有得到满足时，他会发动自己去表现自己，标新立异。西方心理学家实验表明，个体在群体中常被“去个性化”而打上“社会化”的烙印，社会化要求个体实行自我约束。

他们对大学生曾作过“匿名群体”（或“黑房间”）测试，把互相陌生的大学生分为2组，每组都有一定数目的男女生，甲组在灯光下给30分钟相识时间，几乎未发生接触；乙组在黑暗下给30分钟相识时间，90%的学生发生过接触（拥抱或亲吻），感到兴奋与友情。说明取消一定的约束后，自我能比较自由地表现自己。

自我总是在不断地评价自己。社会交往中，自我经常对自己的能力、动机、兴趣、需求、价值等进行感觉和评价，并表现为一定的自尊心、自信心和自豪感，评价不佳时则表现为自卑感、羡慕之心、嫉妒之心等。

西方人本主义心理学家认为，自我实现是人类最重要的需要之一，人生来就有创造欲，有精神寄托和事业向往。我国古代有类似认识，天生我材必有用，“行乎冥冥而施乎不报。”《史记·货殖列传》说：“居之一岁，种之以谷；十岁，树之以木；百岁，来之以德。德者，人物之谓也。”种谷植树是一种自我实现，来之以德是更高层次的自我实现，每一个人在社会活动中都想成为一定的“人物”。

自我是个性与社会性的统一。人不能离群索居，人是社会成员就要接受社会规范约束。西方强调个人主义；我国提倡国家利益、集体利益、个人利益相统一的社会主义集体主义，反对极端个人主义。

广大的中小学生要自我实现，就应该学会自我管理。自我管理是一个复杂的系统工程，是人通过自我认知，调整和修养自己的心理，并使自己的外部行为与社会环境相适应。

自我管理主要有以下内容：

1. 自我监督。自我监督是对自己进行检查、督促。自我监督包括自知，正确估价自己，不卑不亢；自尊，不自轻自贱，要有民族自尊心和个人自尊心，不出卖灵魂与肉体。

2. 自勉。自勉要求中小学生见贤思齐，不断用高标准来勉励自己，脱离低级趣味，做有益于人民的人。

3. 自警。自警就是自我暗示、提醒，克服不良的心理行为。

4. 自我批评。自我批评就是自己批评自己的短处，辩证地否定；自我批评还包括自我反省，使个人的思想品德变得日益完美。

5. 自责。自责就是对自己的不足进行曝光，勇于承担责任，接受同学的监督。

6. 自我控制。自我控制要求大家实行自我约束，防止感情用事，理智地接人待物，抵制和克服一切外来的不良影响。自我控制包括反躬自问，反思自己的行为、人际矛盾，首先从自己身上找原因；控制自己的情绪、欲望、言行，客观地对待批评，力求更好地把握自己。

7. 自我调节。自我调节要求大家通过自我疏导，使自己从矛盾、苦恼、冲突、自卑中解脱出来。包括自解，自我疏导，不自寻烦恼，不折磨自己、惩罚自己。

8. 自慰。自慰就是自我宽慰自己，知足常乐，淡泊名利，承认差距。降低欲望，幸福率等于所得除以欲望，欲望越大，幸福感会降低。

9. 自遣。自遣就是自我消遣，分散或转移注意力，如美食、郊游、看书、书法、绘画等。

10. 自退。自退要求中小学生设身处地地退一步想一想，退一步海阔天空，降低目标，转换方向，另辟新路。

11. 自我组织。自我管理就是在新环境，重新振作，重新审视和组织自己的心理行为。自我组织包括内化顺从，认输服输，接受别人的不同意见，放弃自己的意见。

12. 同化和自新。同化就是把别人的意见与自己的意见融汇在一起，吸收他人的营养丰富自己；自新是自我更新，从更高更新的角度来认识问题、分析问题，重打锣鼓另开张。

应适时调整角色

在现实生活中，我们经常会问“你是谁?”、“他是谁?”、“我是谁?”，这类问题有多种答案：回答各自的姓名、回答各自的工作、回答各自的职称或职务等等，在社会学上，这是“社会角色”问题。在人们的一生中，从为人子女到为人父母，从小学生、中学生、大学生直到工作人员，从一般工作到特殊工作……经历着太多的“社会角色”转变。

社会角色是人们对特定身份的人的行为期望。也就是说，人们为某一种身份的人都设置了一整套的有关权利和义务的规范及行为的模式。“当官不为民做主，不如回家卖红薯”，就是社会大众对官员身份的期望，也就是官员的角色。

社会角色是社会群体或社会组织的基础。实际上，组成公司某个组织的不是张三或李四等具体的人，而是张老板、李董事长、王经理、孙雇员等这些角色；组成学校的不是王五、赵六这些个体，而是教师、学生等社会角色。如果失去了这些角色，这个组织也便解体或者变质。

在社会生活中，一个人在社会上不是只担任一种角色，一位女士，在家里可能是妻子和妈妈或者女儿，她又可能是公司的职员，是她同学的朋友，乘出租她是乘客，在超市里是顾客，她还是选民。另一方面她又要同她的丈夫、女儿、妈妈、老板、同学、出租车司机、超市服务员等人打交道。角色被编织成网，形成角色丛。

一个人在社会互动中按照一定的行为模式活动，在社会学上称为角色扮演。角色扮演的主观条件是角色扮演者应该具备的基本能力，包括角色认知能力、角色扮演能力、角色行为能力、角色扮演心理、角色扮演技巧等；角色扮演的客观条件是适合角色扮演的舞台，保证角色扮演的后台准备，以及道具和服装等等。在我们国家中，运用角色扮演技巧应有的基本态度是真诚、认真、宽厚、谅解、坚定、负责。

个体在扮演社会角色时，并不总是那么称心如意，而是经常会遇到种种矛盾和挫折，产生角色与角色之间以及一个角色内部的冲突。角色冲突是指因角色期望不一致而产生的个人心理或感情上的矛盾和冲突。它包括两种冲突，一种是角色间的冲突，即不同角色承担者之间的冲突，它常常是由于角色利益上的对立、角色期望的差别以及人们没有按角色规范行事等原因引起的。

另一种是角色内冲突，即由于多种社会地位和多种社会角色集于一身而在它自身内部产生的冲突，如一个人所承担的多种社会角色同时对他提出了角色要求，使他难以胜任；一个人所承担的几种角色，其行为规范互不相容，这时也会产生角色内的冲突。角色冲突的产生，有社会方面的原因、他人期望方面的原因和个体方面的原因。

为了扮演好角色，经常需要进行角色调适。角色调适可以通过角色学习、角色换位、角色转移、角色教育、角色建设等方法实现。

角色学习即通过学习掌握社会理想角色的行为准则、技能，提高角色认知水平，借以缩短与理想角色的差距；角色再学习是指在原有的角色认识的基础上，进一步重新学习，了解和适应社会新的行为规范，如现在的教师与过去的教师相比，就有了许多新的规范，现在的学生与过去的学生相比也有了不少的新要求，这些都需要角色再学习。

角色换位即模拟某些现实的问题场面，让一个人扮演不同的几个角色，站在不同的立场上处理事物，以了解他人的需要和感情，从而改善待人态度。在实际生活中，许多社会角色往往与其他角色相伴而生，呈现出对偶性的特点。如医生—病人、演员—观众、教师—学生、领导—群众，等等。这一特点告诉我们，由于不同角色在社会关系中所处的位置不同，其所代表的利益和反映的意志也就不同。在角色扮演中，如果每个人都能站在他人的立场，进行换位思考，设身处地多替他人着想，势必会减少很多不必要的误会和角色冲突。例如，让一位票务员扮演乘客的角色，乘一个月的公共汽车，可以使其体会乘客的情绪和要求，从而改善服务态度。

角色转移是指角色承担者根据情景、时间变化相应地积极更换角色行为。每个人在社会中活动的范围、交往的对象会经常发生变动。那么，角色行为方式也应当随时转移。如果个人所扮演的角色客观上已发生了转移，但对已转移了的角色行为规范不了解，认识不足，或主观上仍拘泥于旧有的角色，就会发生角色混淆、角色中断。

因此，要顺利完成角色转移，应当对自己的人生有所展望、有所设计，对人的一生中不可避免地要相继承担的角色及其特点有所了解，为后续角色的到来做好充分的精神准备和物质准备。有的大学生毕业走上社会以后，经常抱怨这也不称心，那也不如意，其原因之一，就是没有做好角色转移的准备。

角色教育即通过社会管理，强化角色意识，明确角色期待，确定角色规范，重视角色建设，帮助社会成员摆脱角色紧张和冲突，尽快适应角色变化和新角色的要求。要凭借社会的力量，确立、宣传、完善角色规范，对全体社会成员进行角色理论的普及教育，树立和强化人们的角色意识、角色观念，促进人们争做符合社会要求的社会角色的自觉性。

角色建设主要是指角色规范建设，是指由社会确立符合社会期望的角色行为规范，并使之内化为社会成员认同的个体行为准则。角色规范是社会规范的综合体。角色建设包括制定角色规范，强化角色意识，组织角色学习，建立角色行为的监控机制。

要学会认知他人

为人处世的一项重要任务就是与人交往。人与人的交往，交往对象不是无生命的静物，而是具有复杂情感的高级动物，故社会交往是一种互动过程。认识不动结构包括认识主体、认识素质、认识客体和社会环境四部分。社会环境对认识主体和客体起制约作用，主体、客体形成一定的社会环境有反作用。

社会交往中，主体和客体在认识互动中凭借认识素质（或称心理素质）

来认识对方，由于彼此的先行经验、心理活动不同，他们的认识素质也不同。一般说来，主体和客体，他们各自的内心世界与外部行为是统一的。实际交往中，人常具有双重人格，内心和外表不一定一致，因此增加了认识难度和认识的丰富多彩性。

认识过程可包括感知和认知。感知是对人外部特征与行为的知觉，属印象范畴；认知是对人内心世界心理活动的理解，属理性范畴。认知可包括感知，它是在感性基础上的进一步的认识活动，依据自身的认识素质，在社会环境作用下，不断对信息进行选择、反馈、加工和处理。

感知具有随机性、随弃性，萍水相逢、一面之交便可以产生感知，信息没有价值时，被感知的客体随之被放弃而不作为目标。认知具有目的性，只有当认知者觉得被感知的客体有进一步了解的价值时，才有可能进一步去了解。认知是主动地、有组织地去知觉，感知带有知觉的被动性、非组织性。人在社会交往中，总是根据自身交往的需要来选择对客体感知还是认知。

对人心理活动的整体认知一般可以分为4个方面。

1. 对人感情的认知感情包括情感和情绪。这方面又可分为2个层次：①对人表情的认知，包括面部表情、身段表情和语调表情。这是直接获得交往信息的方法，虽然人具有双重性格，一般情况下，人心理活动总是通过他的外部行为表现出来，内心和外表是统一的。如一个人眉飞色舞、喜笑颜开，一定是心逢喜事精神爽；一个人垂头丧气、委靡不振，一定是遇到了不顺心的事。可以说，喜怒哀乐是人内心世界的晴雨表。②对人情绪的认知。对人的情绪认知包括对心境、激情和应激三种心理行为的认知。通常主要是对人心境进行认知。如日常交往中，出色的老师要关心自己的学生，亲密的伙伴要互相关心，慈爱的家长要关心自己的孩子。人的心境是一种比较久的、微弱的、影响人的整个心理活动的情绪状态，当人的心境处于一种不顺心、不愉快，或者沮丧、悲伤、疑惑等状态时，尤其需要他人的关心与帮助，温暖人心的话犹如雪中送炭。农村孩子因家境贫寒不得不辍学时，总书记与省长送来关怀，孩子怎能不感恩；战士父母重病而经济拮据，班排连长悄悄寄去自己的津贴，战士怎能不安心献身国防？孩子高考落榜、万念俱灰，父母几句开导安慰鼓励的话，就能使孩子振作精神。人的双重性格并非无法认识，如强装笑脸、故作愁容、笑里藏刀、虚情假意等可隐藏一时，难以掩盖永久、滴水不漏，往往在激情状态下，即狂喜、暴怒、强悲、极愤、急躁等短促爆发式情感支配下表露出来。

2. 对人能力的认知。能力指人适应社会的本领或本事。人的能力有多种内容，如思维能力、学习能力、工作能力、组织能力、生活能力、交际能力、创造能力、应变能力等等。

司马迁《史记·货殖列传》说："能者辐凑，不肖者瓦解。"所谓能者，指不仅自己有能力，而且可以使用别人的能力，辐凑指三十辐条共一车轴，能者像车轴，使人心汇聚车轴。一般说来，生活中一个能够吸引或团结人的人，就是有能力的人，如领导吸引群众，作家吸引读者，歌唱家艺术家吸引观众，科学家吸引同行等等。能力有高下之分、宽窄之分，最佳的能力或"能者"，能够发挥自己的能力，吸收和借鉴别人的能力，组织和借用别人的能力，调动一切积极因素，用集体的智慧丰富自己的智慧。

3. 对个人倾向的认识。包括对人需要、动机、兴趣、理想、信念与世界观的认知。社会交往中需要对个人倾向做出积极认知的内容是很多的，未必能兼顾到各个方面，大多只是其中的一部分。如自我实现或社会化使人产生交往欲望，交往是有一定动机的，这种动机是真诚的、友善的，还是虚假的、权宜的，是来求助的，还是来交流的？

彼此交往要有共同的兴趣，所谓趣味相投就是说没有共同爱好就无法深入交往，如集邮迷、戏迷就易谈在一起。兴趣也要作出判断与认知，如是短期兴趣还是长期兴趣？是真兴趣还是假兴趣？是专业兴趣还是业余兴趣等？人的理想、信念与世界观代表了一个人的精神寄托和事业追求。

理想、信念与世界观不同的人，也可以在一定条件下互相交往、互相理解，如社会主义制度下的中国人可以和资本主义制度下的西方人友好往来，无神论者可以和宗教人士友好往来，双方在价值观的矛盾中求同存异，寻找人类日常交往的和谐。在社会主义国家内部，如果人的理想、信念与世界观不同，工作、学习、生活上会反映出一定的态度不同，所以交往离不开判断和认知，有些可以求同存异，但有些必须符合我国的国情，必须去异求同。

4. 对个性特征的认知。个性特征包括气质、性格和能力等。其中能力包含智力，智力一定程度上反映人的认识能力。能力也影响人的气质和性格，有能力的人常充满自信心，气质安静，性格理智，办事有条不紊，举重若轻。人的性格代表了人对社会的态度，并以习惯化了的行为方式表现出来。人的性格有好坏之分，作为管理者或交友都要注意认识人的性格。

德裔英国心理学家艾森克曾提出人格二维模型，有助我们在实际交往中认知人的性格。他把人的性格分为内向—外向、稳定—不稳定两个维度，进一步分为四个小区：稳定内向型（黏液质）、稳定外向型（多血质），不稳定内向型（抑郁质）、不稳定外向型（胆汁质）。

艾森克认为，每个人的性格特征都可以从内向—外向、稳定—不稳定 2 个维度、4 个象限加以描述，并可用来分析变态性格。内向指在环境刺激下，自制性比较强的稳定和好静的倾向；外向指在环境刺激下，自制性较弱的易冲动和冒险的倾向。如稳定内向型具有镇静、情绪平和、可信赖、有节制等特质，不稳定内向型具有敏感、不安、攻击、兴奋、多变、冲突等特质。

对人认知的作用

认知是社会交往中自我能动性的表现，认知的目的在于自我实现，个体社会化。人通过能动地认知，主要有几个方面的作用：

1. 不会以貌取人。《荀子》中有一篇叫《非相》，意思说交往中不要以貌取人，晕轮作用会使判断出错误。

《非相》说：舜和周公旦都是矮个子，舜时掌刑法的皋陶面色青绿，商汤宰相伊尹脸上没有胡须和眉毛，大禹是瘸腿，商汤是跛足，但他们的人品很高；夏桀和商纣长相英俊魁梧，但他们都是残害天下的暴君。

因此，荀子认为，观看一个人的容貌体态，不如研究他的思想；研究他的思想，不如看他选择的思想方法。人的品德高下与高矮、胖瘦、容貌体态无关。所以，“形（体态）相（容貌）虽恶而心术善，无害为君子也；形相虽善而心术恶，无害为小人也。”

2. 有助于更好地与人交往。社会交往，可使人在生活群体中选择朋友，互相帮助，互相学习。

《论语·述而》云：“三人行，必有我师焉。择其善者而从之，其不善者而改之。”选择的朋友不同，对自己的影响就不同。《墨子·所染》云：“染于苍则苍，染于黄则黄，所入者变，其色亦变”，认为“非独国有染也，士亦有染”。《荀子·劝学》云：“白沙在涅，与之俱黑。”“君子居，必择乡；游，必就士，所以防邪僻而近中正也。”晋傅玄《太子少傅箴》发挥说：“近朱者赤，近墨者黑，声和则响清，形正则影直。”诸葛亮《前出师表》认为，交往中与不同的人保持不同的亲疏关系，会有不同的结果，“亲贤臣，远小人，此先汉所以兴隆也；亲小人，远贤臣，此后汉所以倾颓也。”

3. 有助于传授自身的知识和经验。社会交往中，自我实现最基本的内容之一就是传授经验和知识，要因人施教，循循善诱。如老师对于学生，上级对于下级、长辈对于晚辈，朋友对于朋友，都会有言传身教作用。

孔子提出“有教无类”；孟子把“得天下英才而教育之”作为人生第三大乐趣，还说知人善教有五种方法：“君子之所以教者五：有如时雨化之者；有成德者；有达财（才）者；有答问者；有私淑艾者。此五者，君子之所以教也。”

这段话的意思是说，君子教育人的方法有五种：有像及时雨那样灌溉的；有成全其品德的；有培训才能的；有解答疑难问题的；有才学影响使后人自学获益的。知人善任。通过了解人，合理地安置人，量才使用。

4. 有助于发现有才能的人，并推荐贤能的人。通过认知，把德才兼备的人推荐出来。季氏的总管仲弓问怎样治理政事，孔子回答说：“先有司，赦小过，举贤才。”即给手下各部门管事的人带头，对他们的小过错不加追究，选拔德才兼备的人。

西汉韩婴记载子贡与孔子的一段对话，孔子认为“荐贤贤于贤”，并说：“知贤，知（智）也；推贤，仁也；引贤，义也”。能发现贤才，是聪明才智；能推荐贤才，是大仁；能引导贤才，是大义，能够发现和推举贤才者，常喻之为善识千里马的伯乐。

宋代黄庭坚诗云：“世上岂无千里马，人间难得九方皋。”知人善举是人类的美德，但并不是常人都可做到。白居易在常乐里居住时，曾写了一篇《养竹记》。他说，竹子被人赋予树德、正直、虚心、立志等品性。竹子混杂草木之中，要靠人爱惜赏识它，发现人才也同此理。故“竹不能自异，唯人异之；贤不能自贤，唯用贤者异之”。

5. 有助于认识别人的不足，帮助别人改正。知道别人的不足，要善于批评指出。我国古代曾实行谏宫制度，专门批评朝廷得失。唐太宗和魏征的故事是大家熟知的。宋代，刘安世也是著名的谏官，号称“殿上虎”，“知无不言，言无不尽”，每次批评皇帝，雷霆震怒，“少霁复前，或至四、五（次）”。刘安世一度曾担心连累老母，其母深明大义说：“谏宫为天下净臣，汝父欲为之而弗得，汝当舍身报主，勿以老母为虑。”

日常交往中，搞好人际关系，不等于一团和气、抹稀泥，对于缺点和错误，及时提出善意的批评和建议，这是对朋友同事的爱护和关心，可以避免因小误大，铸成大错，酿成大祸。

6. 了解别人，可以更好地向人学习。我国古代认为通过知人，可以向别人学习。一是把品德高尚的人作为自己学习的榜样，二是凡是别人的长处，自己都应吸取，成为自己的品行。孔子说：“见贤思齐焉，见不贤而内自省也。”

《孟子·公孙丑上》说：“大舜有大焉，善与人同，舍己从人，乐取于人以为善……取诸人以为善，是与人为善也。”意思说：舜有大德，善于取人的优点，放弃自己的成见而接受别人的意见，能够愉快地吸取别人的长处而行善……能够吸收他人之长而行善，这就是赞许别人共同行善。

7. 了解了他人，可以更好地帮助别人。助人为乐，先人后己，舍己为人等品质，从来是我国传统文化所崇尚的美德，也是中华民族的优良传统。孔子说：“君子成人之美，不成人之恶，小人反是。”

认为“博施于民而能济众”者是圣人，又说“夫仁者，己欲立而立人，己欲达而达人。能近取譬，可谓仁之方也已”。就是说有仁德的人，自己要想站得住，同时也要让别人站得住。自己要通达，同时也要让别人通达。凡事都要以身为例想到别人，这就是实行仁德的方法。《荀子·修身》则说："劳苦之事则争先，饶乐之事则能让。"又说："行乎冥冥施乎不报"，暗中做好事而无需报答。

一定要重视他人

人生活在世界上，总要和他人进行交往，在交往中重视他人是相当重要的。重视他人，会给人以力量。

美国的一位心理学家曾做过这样一个实验：他将他的学生分成3组，接着他经常对第一组的成员表示赞赏和鼓励，对第二组却采取了一种不管不问、放任自流的态度，而对第三组则不断给予批评。试验的结果表明，被经常赞扬和鼓励的第一组成员进步最快，总是挨批评的第三组也有些微的进步，而被漠视的第二组却几乎仍然在原地踏步。

还有一位心理学教授，为了教会他的学生重视他人，经常要求他们在课堂里练习如何去肯定和表扬他人——他时常让学生们一个个走出来站在讲台前，当着全班学生的面去赞扬他们中的某一个同学。这种练习不仅使全班同学感到愉快，而且使他们懂得了尊重与肯定他人的重要性，从而使他们在人格上得以健康成长。

从以上的例子可以看出，重视他人能给人以鼓励和力量，也能融洽关系，促使他人取得更大的进步。

有一句格言说："轻视他人的结果，往往是别人对你的轻视。"同样，重视他人的结果，则往往是别人对你的重视。

1754年，已是上校的华盛顿率领部下驻防亚历山大市。当时正值弗吉尼亚州议会选举议员。有一位名叫威廉·佩恩的人反对华盛顿支持的一个候选人。据广为流传的故事说，有一次，华盛顿就选举问题与佩恩展开了一些激烈的争论，争论中说出一些极不入耳的话。佩恩火冒三丈，出拳将华盛顿击倒在地。

可是，当华盛顿的战士急忙赶来欲为长官报仇时，他却阻止了，并说服大家平静地退回了营地。翌晨，华盛顿托人带给佩恩一张便条，请他尽快到当地一家酒馆会面。佩恩来到酒店，料想必有一场恶斗。出人意料，他看到的不是手枪而是酒杯。华盛顿站起身来，笑容可掬，伸出手来迎接他。

“佩恩先生，”他说，“人谁能无过，知错而改方为俊杰。昨天确实是我不对。你已采取行动挽回了面子，如果你觉得那已足够，那么，就请握住我的手吧，让我们来做朋友。”这件事就这样皆大欢喜地和解了。从此以后，佩恩就成了华盛顿的一个热心的崇拜者。

重视他人，对于中小学生来讲，应从以下几个方面做起：

1. 要尊重他人的人格。在我们国家，不管人们的地位怎样，身份如何，在人格上都是平等的，不存在贵贱尊卑之分。尊重他人的人格，就是维护他人的尊严。尊重他人的人格，要做到不伤害他人的自尊心，不伤害他人的感情，不讲污辱性的话，对他人的不幸，不应幸灾乐祸。

2. 要尊重他人的劳动。在我们国家，各行各业的劳动都是不可缺少的，没有高低贵贱之分。尊重他人的劳动，就要珍惜他人的劳动成果，劳动成果凝结着人们的汗水和智慧。但是，有些同学对劳动成果没有爱惜之情。例如，吃饭时，乱扔大米饭、白面馒头，对书本乱撕乱画；有的人随意损坏桌椅、电灯、墙壁；有的人在公园和绿化地糟蹋园林工人培育的鲜花；有的人在打扫过的教室里随地吐痰，扔纸屑；有的嫌妈妈亲自做的衣服“土”，连穿都不穿。这些行为，都是不尊重他人劳动的表现，不仅会伤他人的心，而且是一种不道德的行为，我们应该坚决克服它。

3. 要尊重他人的民族习惯，我国是个多民族的国家，在960万平方千米的辽阔国土上，居住着56个民族。除汉族外，少数民族有6000多万人。各民族在饮食、衣着、风俗习惯等方面都有各自不同的特点，所以，应该互相尊重民族习惯，维护各民族的团结。

4. 要设身处地地为人着想。世界上没有两个完全相同个性的人。个性，主要指人的性格、兴趣、爱好等。人们的个性是很不相同的，这就使人们在交往中，不可能不出现各种各样的矛盾。而且，由于人们的文化程度、身体素质、经济条件等方面的不同，每个人也就免不了会有各种各样的困难。因此，在交往中，要学会做到理解人、宽容人、同情人，也就是说，要体谅别人的难处，照顾别人的困难，设身处地为别人着想。青少年朋友，如果我们从上述四个方面做起，恭敬待人，就会给我们周围的同学、朋友以极大的鼓舞和力量，就会有和睦的关系，就会团结奋进。

懂得欣赏多样性

时下，“理解、尊重、动情”等，已成为一种世界性话语；“增进了解，加深理解，达到谅解，实现和解”，已成为为人处世的基本规范。这要求青少年具备理解、尊重与自己不同意见的人和欣赏多样性的社会修养。

理解是知道对方心中的痛苦和欢乐，知道他们最需要什么，心里在想什么；尊重就是相信并肯定对方的独立人格，有与自己相同或相似的社会需要。理解和尊重，不仅是对与自己相同意见的人，还特别是对与自己不同意见的人。只要具有理解和尊重，并动情地把对方当做自己的朋友和亲人，对他们动真情，就能实实在在地合作共事。总之，有了理解和尊重，有了真情实感，这个社会也就有了多样性，也就有了和谐。

有人说，现代社会是一个比以往任何时代都脆弱的社会，比如停电、停水、交通拥挤等，总会让人难以应付。所以，现代社会需要人与人之间生活上关心、学习上鼓励、人格上尊重、心灵上交流、思想上沟通。

大家都具有理解、尊重与自己不同意见的人和欣赏多样性的社会修养，才能营造和谐、温馨、轻松、愉快的学习、生活、工作氛围和互相尊重、平等交流的生活环境；大家都能认识到自己应该追求的目标和应该承担的社会责任，才能在人格独立的基础上自主发展而不是“自由”发展，人与人之间才能成为良师益友。

多样性首先是文明上的多样性。文明多样性是人类文化存有的基本形态。不同国家和民族的起源、地域环境和历史过程各不相同，而色彩斑斓的人文图景，正是不同文明之间相互解读、辨识、竞争、对话和交融的动力。

在全球化背景下，各种原生状态的、相对独立的多样文明将获得更为广泛的参照，更为坚定的认同。文明既属于历史范畴，也已成为不同族群的信仰、行为方式和习俗，理应受到普遍的尊重。每个国家、民族都有权利和义务保存和发展自己的传统文化；都有权利自主选择接受、不完全接受或在某些具体领域完全不接受外来文化因素；同时也有权利对人类共同面临的文化问题发表自己的意见。

文化的多样性培养了社会成员的多样性。特别是在现代社会，人们思想活动的独立性、选择性、多变性和差异性明显增强，社会思想空前活跃，社会意识出现多样化。这为新型人际关系和社会和谐构建带来了新的课题和任务。人们思想活动的独立性、选择性、多变性和差异性是客观存在的，只要它们在宪法和法律规定的范围之内，不是反动的、破坏的，就应当允许其存在，就应当理解和尊重。因此，理解人、尊重人、关心人，不仅是我们处理人际关系的原则，而且应成为公民素质的基本要求。

总之，不仅不同的文明之间，而且包括不同的个体之间，都应减少偏见、减少敌意，消除隔阂、消除误解。在相互理解、尊重的基础上构建和谐社会。为此，应加强对青少年这方面素质的培养。

社会对青少年培养，要在理解、尊重的基础上，建立平等的关系，使青少年愿意同家长、同师长交流，并能听、愿听家长、师长的教育。在教育过程中，要尽可能地多一些人性化，从青少年容易接受的事和有关的问题出发，给他们提原则，让他们自己明白哪些该做哪些不该做。如青少年有时爱玩，对此就要因势利导，给他们提出要求。

干什么都要一心一意，玩也应玩好，并放手让他们玩，但同时强调学习、做事等也应一心一意，要学好、做好！对于这些，青少年感觉到玩不是偷偷摸摸的行为，而是紧张学习后的一种休息、一种调节。又如，青少年对一些自己感兴趣的东西表现得特别积极、主动，对此，师长要结合生活中常识性的东西与学习知识的关联，以学用结合的方法，激发他们的学习兴趣和求知欲，增加学习动力，培养他们的学习习惯，使他们在求知中自觉地安排好自己的各项学习活动。

青少年在学习中，也时常碰到困难，我们鼓励他们要善于思考问题、敢于提出问题、解决问题；在生活中，要放手让青少年去做一定的事，注意培养他们的自治、自理能力，自己的事自己做，并注意鼓励赞扬及时发现闪光点；在社交问题上，应做到不干预、不干涉，热情对待他们的朋友，并一起谈生活、谈学习、谈理想、谈家庭、谈感受，一起玩、一起吃饭，让青少年感到对他是理解的，在朋友面前为他也赢得了面子。

应学会恭敬待人

一个人生活在社会上，总要和许许多多的人发生关系，有些是直接的，有些是间接的；有些是密切的，有些是一般的；有些是长期的，有些是短暂的。比如一个学生，除了和父母、亲友有关系，在学校与老师、同学有关系；走在路上，与同行的人有关系；乘车时，与司机、售票员和其他乘客有关系；到了商店，与售货员及其他顾客有关系；到剧场看演出，与观众及演员有关系。在这些复杂的关系中，能做到恭敬待人，的确是一种高尚的美德。

在我国，很多优秀人物都有恭敬待人的高尚美德，毛泽东同志对宋庆龄同志始终保持着特殊的尊重。1957 年，毛泽东同志访问莫斯科时，他是代表团的团长，宋庆龄同志是副团长。从莫斯科回国时，他们同坐一架飞机。毛泽东同志让宋庆龄同志坐头等舱，自己坐二等舱。

毛泽东同志对普通人也非常尊重。有一次，湖南农村一位老太太来向毛泽东同志反映村里的事情。毛泽东同志亲自搀扶老太太坐，搀扶老太太起，搀扶老太太上台阶、下台阶。

走台阶时，毛泽东同志双手扶着老太太，嘱咐：“慢点，慢点，老人家慢慢走。”

老太太用同样的节奏喃喃着：“慢点，慢点，我老了，腿脚不行了。”老太太对于所享受的这份殊荣受之泰然，作为全国各族人民伟大领袖的毛泽东同志，却做得如此自然。

周恩来同志有一次坐车外出，因急着赶路，汽车开得很快，路经一段积水的街道时，积水溅到了躲闪不及的行人身上。周恩来同志发现后，马上叫司机停车，亲自下车向行人道歉。又有一次，周恩来同志去某地视察工作，飞机着陆后，他同机组人员一一握手致谢。这时，机械师正蹲在地上工作。周恩来同志同其他人握手后，就站在机械师身后等他，并示意别人不要惊动他。机械师工作结束后，转过身来发现周恩来同志在身后，忙说：“对不起，总理，我不知道您在等我。”周恩来同志握着机械师的手笑着说：“噢，我没有影响您的工作吧！”

无产阶级革命领袖，这种时时处处尊重他人的高尚品德，是永远值得我们学习的。

恭敬待人，是建立在人与人之间平等关系的基础上的。这种平等关系决定了任何人都应该受到尊重，任何人都应该尊重别人。

恭敬待人，有利于建设和谐社会。只有人与人之间相互尊重，才能使每个人心情舒畅，才能使人民团结一致。团结就是力量，团结就是胜利。

反之，人与人之间互不尊重，互不信任，互相猜疑，互相嫉妒，像一盘散沙，就什么事情也干不好。

恭敬待人，有利于促进良好社会风气的形成。如果人们在相互交往中，都能尊重对方，就会使人心情愉快。这不仅有利于增进了解、加强团结，而且也有利于妥善处理和解决人们之间的各种矛盾，消除隔阂。这样才会在同学之间、师生之间、亲人之间，乃至各行各业的人们之间，建立亲切、友爱、和睦的关系。反之，人与人之间互不尊重，就会产生种种矛盾，良好的社会风气就会遭到破坏。

恭敬待人，才能在交往中得到别人的尊重。马克思说：“你希望别人怎样对待自己，你就应该怎样对待别人。”

在现实生活中，凡是得到人尊重的人，都是他们自觉地尊重别人的结果。周恩来同志所以受到全国人民的衷心爱戴，在人们心目中树起一座丰碑，一个重要的原因就是他时时处处都尊重他人。雷锋所以受到人们的敬佩，成为全国人民学习的楷模，原因之一，也就在于他时时处处都尊重别人。

在我们的班集体里，有的同学之所以会受到大家的尊重，同样也在于他们能够尊敬别人。反之，一个自以为自己比别人高明、唯我独尊的人，一个事事要别人迁就自己、服从自己的人，一个处处嘲笑别人、讽刺别人，甚至取笑别人生理缺陷的人，是没有可能得到别人尊重的。不懂得尊重别人，也就不懂得尊重自己；只有尊重别人，才能得到别人对自己的尊重。

总之，恭敬待人是高尚的美德，愿广大的中小学生把它发扬光大。

学习为人处世中的礼仪和规则

为人处世的起点

在中国古代就有对人恭敬、讲礼的说法，发展到现在，文明礼貌已经是现代人最基本的素质要求了，同时也是人际关系和谐的纽带。好的礼貌、修养不仅能给他人、给社会带来愉快和谐，也能创造良好的交往环境，给自己的交往带来方便，带来快乐。另外，在当今社会，文明礼貌也成为单位对“人才”的最基本要求。生活在现代社会的中小学生，必须学会待人接物的规范，才能为自己将来成为一个合格的人才奠定基础。

某编辑室里来了两个新人，一个是在文化公司做过2年图书编辑的乔，另一个是刚刚大学毕业的文，在招聘过程中，从两个人的作品上看，文字水平不相上下，不过乔在思路方面略胜一筹。当时两个人一起被通知参加试用，但结果很明确，只能留下一个。

乔上班时间从来都是一身T恤短裤的打扮，光脚穿一双凉拖鞋，也不顾电脑室的换鞋规定，屋里屋外就这一双鞋，还振振有词地说：“原来公司上班的人都这样，再说我这不是穿着拖鞋吗？”不管是在工作台前画图，还是在电脑前操作，只要活干得顺手，一高兴起来准把鞋踢飞。刚开始，同事们还把她的鞋藏起来，和她开玩笑，后来发现她根本不在乎，光着脚也到处乱跑。

相反，文是第一次工作，多少有点拘谨，穿着也像她的为人一样文静、雅致，她从来不通过发型、化妆来标榜自己是搞艺术的，只是在小饰物上显示出不同于一般女孩的审美观点来，说话温温柔柔的，很可爱。

有一天中午，电脑室的空气中忽然飘出腥臭的味道，弄得一班人互相用猜疑的目光观察对方的脚，想弄清到底谁是“发源地”。后来，大家发现窗台下面有窣窣的响声，原来那里放着一个黑色塑料袋，打开来一看，居然是一大袋海鲜。众人的目光不约而同地集中在乔身上，没想到她坦坦荡荡地说：“小题大做，原来你们是在找这个。嗨，这可怪不得我，这里的海鲜都这样，一点都不新鲜。”

这时文端过来一盆水说：“乔小姐，把海鲜放在水里吧，我帮你拿到走廊去，下班后你再装走。”乔一边红着脸，一边把袋子拎走。

结果试用期才进行了 2 个月，乔背包走人，尽管她的方案比文做得要好，但是老板不想因为留下这样一个太不拘小节的人，而得罪一大批其他雇员。临走的时候，老板对乔说：“乔小姐，你的才气和个性都不能成为你搅扰别人心情的原因，也许你更适合一个人在家里成立工作室，但要在大公司里与人相处，处世得体和合作精神是十分重要的。”

乔小姐因为自己的“不拘小节”而丧失了工作，为自己的不礼貌付出了代价。由此可以看出礼貌细节虽然看似很琐碎，无关大碍，但就是这些细节，往往能表现出一个人的基本素质。因为小礼节不但是对别人的尊重，也是对自己的尊重。无论在哪里，常注意这些小细节，约束自己的小毛病，或许会给你带来意想不到的惊喜，因此，中小学生作为即将走入社会的人，要特别重视培养自己文明礼貌的习惯。

根据现代家庭中独生子女的情况，专家对中小学生文明礼貌的培养给家长提出了 2 点建议。首先，同学们要树立恰当的衣着观。现代家长有很多盲目地认为在人际交往中要追求时髦、漂亮，其实不然，尤其是青少年时期，孩子本性未定，极易产生浮夸、虚荣的性格。所以父母应该及时提醒孩子，并以自身为榜样，培养孩子穿着与周围的环境和谐的品质。

另一方面是教育孩子举止得体。在人际交往过程中，除了着装服饰以外，培养孩子得体的举止也成为当前一大问题。现代青少年大多追求所谓“个性张扬”“一切都以我为中心”的思想，在聚会中经常表现出不合群、不得体的举止来，为此父母应该用平和的心态与孩子沟通，不能强迫孩子做他不愿意做的事情，尽管有时候他所做是错误的，以免大大地激起他的逆反心理。

总之，文明礼貌是为人处世的起点，世界上没有一个人在交往中希望碰到一个不讲礼貌，不合时宜的交往对象，大家都希望有一个良好而和谐的人际环境，都想得到别人的喜爱和尊重，而且当今社会又是一个充满竞争与合作的时代，对人的礼仪习惯要求更高。所以广大的中小学生要努力学习个人礼仪，掌握为人处世中的礼仪和规则，以便更好地与人交往，更好地处理事务。

什么是个人礼仪

在几千年的人类文明进程中，人们一直不断地追求文雅的仪风和悦人的仪态。现在，随着现代社会人际交往的日益频繁，人们更加关注个人的礼仪。从表面看，个人礼仪仅仅涉及个人穿着打扮、举手投足之类无关宏旨的细节。但是，细节更能彰显精神，举止言谈则表现一个人的文化修养。

随着社会的发展，个人礼仪俨然已成为一种社会文化。它不仅涉及个人，而且事关全局。如果一个人置个人礼仪规范于不顾，自以为是，我行我素，必然授人以柄，小到影响自身的形象，大到足以影响社会组织乃至国家和民族的整体形象。对个人而言，不顾个人礼仪，影响最大的莫过于为人处世了。因为一个人一旦不注意个人礼仪，就无法获得良好的人际关系，做起事来也会觉得诸多不顺利。

所以，人们才强调个人礼仪，倡导现代文明。对广大的中小学生而言，更应该从小就学习个人礼仪，注重个人礼仪。因为良好的礼仪风范，出众的形象风采，是每个人自尊、尊人之本，也是每个人立足、立业之源。

那么，什么是个人礼仪呢？个人礼仪就是一个人的生活行为规范与待人处世的准则。具体来说，它是个人仪表、仪容、言谈、举止、待人，以及接物等方面的个体规定，是一个人的道德品质、文化素养等精神内涵的外在表现。总的来说，个人礼仪的核心是尊重他人、与人友善、表里如一、内外一致。

当今社会，人们所提倡的个人礼仪是一种文明行为标准。它在个人行为方面的每一条规定，无不带有社会主义精神文明高尚而诚挚的特点。讲究个人礼仪是社会成员之间相互尊重、彼此友好的表示。这也是一种德，是一个人的公共道德修养在社会活动中的体现。

正所谓“行为心表，言为心声”，个人礼仪如果不以社会主义公德为基础，以个人品格修养、文化素养为基础，而只是在形式上下工夫，势必事与愿违。因为它无法从本质上表现出对他人的尊敬之心、友好之情，因而也就不可能真正地打动对方，感染对方，增进彼此间的友谊，融洽彼此间的关系。

那些故作姿态、附庸风雅而内心不懂礼、不知礼的行为，或人前人后两副面孔的假文明、假斯文行径均属“金玉其外，败絮其中”者所为，众人将对此嗤之以鼻。“诚于中则形于外”，只有内心具备了高尚的道德情操，才能有风流儒雅的风度，只有有道德、有修养、有文化、有学识的人才能“知书达理”，才能严于律己、宽以待人，自觉按社会公德行事，才能懂得尊重别人，就是等于尊重自己，懂得遵守并维护社会公德，就是为自己创造一个文明知礼、轻松愉快的生活环境的道理，才能真正成为明辨礼与非礼之界限的社会主义文明之人。

对个人来说，个人礼仪是文明行为的道德规范与标准，就国家而论，个人礼仪乃属一种社会文化，它是构成社会主义精神文明的基本要素，也是一个国家文化与传统的象征，更是一国治国教民的经典。素有“礼仪之邦”美誉的中国，从古至今一直就十分崇尚“礼”，也极为重视礼仪教化。历代君主、诸路圣贤均把礼仪视作是一切的准绳，认为一切应以礼为治，以礼为教。

关于个人礼仪与社会文明的问题，我们的先人也有过不少的论述。如《论语·为政》中说：“道之以政，齐王以刑，民免而无耻；道之以德，齐王以礼，有耻且格。”其大意为：用政权推行一种“道”，并用刑律惩处违“道”者，老百姓想的是如何逃避惩处而不看行为的对错和荣辱，用德来推行“道”，以礼教化人民，老百姓懂得对错、荣辱，并会自觉地遵守之。这十分清楚地说明了在古代，人们对个人礼仪所产生的社会效应就有了较为深刻的理解。

《天子》中的“礼仪廉耻，国之四维”，更明白、直接地将“礼”列为立国四精神要素之首，也可见其突出的社会作用。无数事实证明了个人礼仪对一个社会的净化与美化起着积极的作用。

个人礼仪所形成的一种具有较强约束力的道德力量，使每一位社会成员能够自觉按社会文明的要求，调整行为，唾弃陋习，最终将自己的言行纳入符合时代之礼的轨道，以顺应社会发展的潮流。可以说，个人礼仪从一个侧面也反映了一个社会的文明程度。

由此可见，个人礼仪不仅是衡量一个人道德水准高低和有无教养的尺度，而且能让一个人在为人处事的过程中严于律己、宽以待人，继而形成良好的人际关系，顺利、快乐地把事情做好。

个人礼仪的意义

如果说，个人礼仪的形成和培养需要靠多方的努力才能实现的话，那么个人礼仪修养的提高则关键在于自己。

个人礼仪修养即社会个体以个人礼仪的各项具体规定为标准，努力克服自身不良的行为习惯，不断完善自我的行为活动。

从根本上讲，个人礼仪修养就是要求人们通过自身的努力，把良好的礼仪规范标准化作个人的一种自觉自愿的能力行为。今天，强调个人礼仪修养有着极为重要的现实意义。具体表现在：

1. 加强个人礼仪修养有助于提高个人素质，体现自身价值。

“金无足赤，人无完人”是人所共知的。然而现实生活中，人们却都在以各种不同的方式追求着自身的完美，寻找通向完美的道路。争当“名牌”人，强调“外包装”者有之；注重“脸蛋靓”、在乎“身段好”者也有之，但这些均不足以使人发生美的质变。费时费力费钱财之后，仍有不少人依然是“败絮其中”。

我们认为，只有将内在美与外在美统一于一身的人才称得上唯真唯美，才可冠以“完美”二字。加强个人礼仪修养是实现完美的最佳方法，它可以丰富人的内涵，增加人的“含金量”，从而提高自身素质的内在实力，使人们面对纷繁社会时更具勇气，更有信心，进而更充分地实现自我。

2. 加强个人礼仪有助于增进人际交往，营造和谐友善的气氛。人称个人礼仪是人际交往的“润滑剂”。作为社会的人，我们每天都少不了与他人交往，假如你不能很好与人相处，那么在生活中、事业上就会寸步难行，一事无成。

俗话说：“礼多人不怪。”人际交往，贵在有礼。加强个人礼仪修养，处处注重礼仪，恰能使你在社会交往中左右逢源、无往不利；使你在尊敬他人的同时也赢得他人对你的尊敬，从而使人与人之间的关系更趋融洽，使人们的生存环境更为宽松，使人们的交往气氛更加愉快。

3. 加强个人礼仪有助于促进社会文明，加快社会发展进程。人与社会密不可分，社会是由个人组成的，文明的社会需要文明的成员一起共建，文明的成员则必须要用文明的思想来武装，要靠文明的观念来教化。

个人礼仪修养的加强，可以使每位社会成员进一步强化文明意识，端正自身行为，从而促进整个国家和全民族总体文明程度的提高，加快社会的发展。“国家兴亡，匹夫有责”，在改革开放不断深化之际，我们每一位社会公民都有理由以自觉加强自身的品行修养（尤其是礼仪修养）为己任，一同投身于社会主义的两个文明建设之中。

个人礼仪的培养

个人礼仪的基本特征概括起来讲有 5 个方面：

1. 以个人为支点。个人礼仪是对社会成员个人自身行动的种种规定，而不是对任何社会组织或其他群体行为的限定。但由于每个群体都是由一定数量的个体所组成的，每一个社会组织也都是由一定数量的组织成员所构成的。因此，个人行为的良好与否将直接影响着任一群体、社会组织乃至整个社会的生存与发展。从此意义看，我们强调个人礼仪，规范个人行为，不仅是为了提高个人自身的内在涵养，更重要的是为了促进社会发展的有序与文明。

2. 以修养为基础。个人礼仪不是简单的个人行为表现，而是个人的公共道德修养在社会活动中的体现，它反映的是一个人内在的品格与文化修养。若缺乏内在的修养，个人礼仪对个人行为的具体规定，也就不可能自觉遵守、自愿执行。只有“诚于中”方能“行于外”，因此个人礼仪必须以个人修养为基础。

3. 以尊敬为原则。在社会活动中，讲究个人礼仪，自觉按个人礼仪的诸项规定行事，必须奉行尊敬他人的原则。“敬人者，人恒敬之”，只有尊敬别人，才能赢得别人对你的尊敬。在社会主义条件下，个人礼仪不仅体现了人与人之间的相互尊重和友好合作的新型关系，而且还可以避免或缓解某些不必要的个人或群体的冲突。

4. 以美好为目标。遵循个人礼仪，尊重他人的原则，按照个人礼仪的文明礼貌标准行动，是为了更好地塑造个人的自身形象，更充分地展现个人的精神风貌。个人礼仪教会人们识别美丑，帮助人们明辨是非，引导人们走向文明，它能使个人形象日臻完美，使人们的生活日趋美好。因此，我们说，个人礼仪是以“美好”为目标的。

5. 以长远为方针。个人礼仪的确会给人们以美好，给社会以文明，但所有这一切，都不可能立竿见影，也不是一日之功所能及的，必须经过个人长期不懈的努力和社会持续不断的发展，因此，对个人礼仪规范的掌握切不可急于求成，更不能有急功近利的思想。

我们已知道，良好的个人礼仪、规范的处事行为并非与生俱来，也非一日之功，是要靠后天不懈努力和精心教化才能逐渐地形成。因此，可以说个人礼仪由文明的行为标准真正成为个人的一种自觉、自然的行为的过程是一个渐变的过程。而完成这种变化则需要有 3 种不同的力量，即：个人的原动力，教育的推动力以及环境的感染力。

个人的原动力，亦称个人的主观能动性，它是人的行为和思想发生变化的根本条件，也是人提高自身素质，形成良好礼仪风范的基本前提。作为社会个体，我们每个人只有首先具备了勇于战胜自我、不断完善自身的思想意识，才能发挥自己的主观能动性，行动中才可能表现出较强的自律性，自觉克服自身的不良行为习惯，自觉抵御外来的失礼行为，与此同时，努力学习，不断进取，使个人礼仪深植人心，真正成为优良个性品质的重要组成部分。所以说，个人礼仪的形成需要个人的原动力，需要个人的自律精神。

教育是社会发展之母，教育也是个人成才之父。教育使我们知道谁是谁非、扬善抑恶，更使我们懂得知书达理、行善积德。古人以“玉不琢，不成器；木不雕，不成材”来说明教育对人的重要。教育的这种神奇功力，对个人礼仪的培养与形成同样也有必不可少的作用。个人礼仪的教育培养就是培养人们提高对礼仪的认识、陶冶讲究礼仪的情操，锻炼讲究礼仪的意志，确立讲究礼仪的信念以及养成讲究礼仪的习惯。这是塑造人们精神面貌的系统工程，需要教育者与受教育者的共同努力。其中教育者对受教育者的引导、指点和言传身教是至关重要的，它能使受教育者从中得到真正的感悟，进而提高自身内在的素质。虽然个人礼仪的形成如积跬步而致千里，积小流而成江河，但教育在这个循序渐进的过程中确实起到推波助澜的作用，这是任何人都无法否定的。

人是社会的动物，不能离群索居。个人行为的变化，个人礼仪的形成，除了自身的主观能动力和教育的推动力外，还要受到个人所处的社会环境的影响。“近朱者赤，近墨者黑”，正是说明社会环境条件与个人思想、行为的变化密切相关。不同的环境造就不同的人，生活环境对人的感染和影响是潜移默化的，如果一个人长期在文明程度较低的社会环境中生活，耳濡目染，就会被打上落后、愚昧的烙印；而一个在高度文明、发达的社会环境中成长的人，其思想与行为的文明性、先进性也相对会比较高。可见，环境对人的思想、行为，尤其是对个人礼仪的形成和影响作用是毋庸置疑的。

问候他人的礼仪

如何问候他人是一门艺术。问候得体，别人会很开心，不得体，会影响朋友间的关系，甚至会让朋友反目成仇。

总的来说，问候可以分为两种，一种是见面打招呼，另一种是在电话中问好。我们先来看打招呼。

中小学生对打招呼要有正确的认识。有的人不重视打招呼，认为天天见面的人就用不着打招呼，有的人认为自己家里的人也用不着打招呼，有的人认为无关紧要的人就用不着打招呼，有的人不愿意先向人打招呼，平时就听到有人说："干吗我要先给他打招呼！"等等。这些认识都是不正确的。

1. 打招呼是联络感情的手段、沟通心灵的方式、增进友谊的纽带，所以，绝对不能轻视和小看。对自己周围的人，包括单位的同事、家庭的亲人、邻里、同学、亲朋好友等，不论其身份、地位、年长、年幼、是男、是女，都应该一视同仁，只要照面就要打招呼，表示亲切、友好，这也是一个人内在修养程度高低的重要标志。至于打招呼的先后是无关紧要的，有的人喜欢拉架子，不愿意先向人打招呼，其实，先打招呼是主动的表现，是热情的象征，获得了人际关系的主动权，有什么不好呢？

2. 打招呼的方式可以灵活机动，多种多样，有的可以问好、问安，有的可以祝福，有的可以握手，有的甚至可以拥抱，有的点头，有的挥手、招手，有的微笑，有的喊一声，有的叹一声等等。打招呼的时候，要根据当时的具体情况，表示出对他人的尊敬和重视，如在行走的过程中，打招呼时，或是停下脚步，或是放慢行走速度；如骑自行车的时候，或是下车，或是放慢行驶速度；在室内或非行进过程中时，或是起立，或是欠欠身，点点头都可以。但是，不论在什么地方和什么时候，打招呼的时候，都要面带微笑，眼睛看着对方，表示诚心诚意地向别人奉上一个见面礼，不是敷衍了事，客套一番而已。

3. 要认真回谢对方。别人给予你帮助时，要向别人认真地、及时地、热情地回谢。把“谢谢”二字说得恰到好处也很有学问，口与眼要紧密配合，嘴里说：“谢谢”时，眼神里一定要表现出出于真心，不是漫不经心地随便应付一句。否则，毫无表情，连看都不看一眼，就随便敷衍一句，别人立刻会感到你的虚伪，从而会从心底里泛起反感和不快，甚至产生厌烦情绪，回谢之意起到了相反的作用。人多的时候，要向大家致谢，或一一道谢，或一齐道谢，使每个人都感受到你的诚意。

随着我国经济的快速发展，人民生活水平的不断提高，市场经济的信息量猛增，竞争也越来越激烈，人们的生活节奏加快，电话已经进入千家万户，手机也已经普及。

充分利用这些现代化的通讯设备，对发展经济，提高人们的生活质量都有极大的好处，所以应该人人学会熟练地使用电话、手机，有礼貌地、文明地通过电话和手机与各方面的人士取得联系，这就需要了解一般性打电话的礼仪知识和规矩。

1. 给某人打电话时，要事前做好准备，想好要说的事情。比如要谈一笔生意，从何处说起，用什么方式交谈，说到什么程度，还要估计对方的情况，考虑好应变的方法等，这样才能用尽可能短的时间达到预期目的，而不浪费对方的时间。

2. 在电话里说话和平时说话没有什么不同，就一般的电话设施来说，虽然打电话双方只能听到声音，而看不见形象，但是双方都能感觉得到，所以，打电话时，也要面带笑容，语气要温和、缓慢，口齿要清楚，语言要简洁，第一句话要说“您好”，紧接着进入正题。

3. 持电话时要轻，一般情况下要等对方先放下电话机后，你再轻轻挂断电话。特别是与长辈、领导、女士通话后，一定要等他们挂断电话后，你再轻轻放下话筒。

4. 接电话时，要用温柔的语调先说“您好”，再问是哪位？找谁？或某单位？如果被找的人正巧不在，就说明情况，问一下有什么重要事情，要不要传达或留一字条等。

5. 一般情况下，电话铃响三遍后立即接通，且在铃响的间隙拿起话筒。

如果电话铃响了好几遍之后接通时，就要先说“久等了”、“对不起”之类的抱歉话。如果在接电话的过程中，有紧急事情插入时，要向对方说：“对不起！稍等”，然后可以用手按住话筒，以免传到对方那里。电话不清楚时，不要大声吼叫，要把说话的速度放慢，口齿再清晰些。有些人打电话时，出现听不清楚或者有杂音时，就用手使劲拍打电话机，这个做法和习惯不好，如果电话机有毛病时，可以立即修理，等故障排除以后再打。通话结束时都要说“再见”、“谢谢”之类的礼貌语。

请客吃饭的礼仪

我国有请客吃饭的传统。请客吃饭如果铺张浪费，那么就是可耻的，但是如果把握到位，做到既节约，又大方，则可以在为人处事中收到意想不到的效果。下面，我们就来看看请客吃饭要注意哪些细节。

1. 入座的礼仪。先请客人入座上席，再请长者入座客人旁，依次入座，最后自己坐在离门最近处的座位上。入座时，要从椅子左边进入，坐下以后要坐端正身子，不要低头，使餐桌与身体的距离保持在 10 ~ 20 厘米。入座后不要动筷子，更不要弄出什么响声来，也不要起身走动，如果有什么事情，要向主人打个招呼。动筷子前，要向主人或掌勺者表示赞赏其手艺高超、安排周到、热情邀请等。

2. 进餐时，先请客人、长者动筷子，加菜时每次少一些，离自己远的菜就少吃一些，吃饭时不要出声音，喝汤时也不要发出声响，最好用汤匙一小口一小口地喝，不宜把碗端到嘴边喝，汤太热时凉了以后再喝，不要一边吹一边喝。有的人吃饭时喜欢用劲咀嚼食物，特别是使劲咀嚼脆食物，发出很清晰的声音来，这种做法是不合礼仪要求的，特别是和众人一起进餐时，就要尽量防止出现这种现象。有的人喝汤时，也用嘴使劲吹，弄出声音来，这也是不合乎礼仪要求的。

3. 进餐时不要打嗝，也不要出现其他声音，如果出现打喷嚏、肠鸣等不由自主的声响时，就要说一声“真不好意思”、“对不起”、“请原谅”之类的话，以示歉意。

4. 如果要给客人或长辈布菜，最好用公用筷子，也可以把离客人或长辈远的菜肴送到他们跟前。按我们中华民族的习惯，菜是一个一个往上端的，如果同桌有领导、老人、客人的话，每当上来一个新菜时，就请他们先动筷子，或者轮流请他们先动筷子，以表示对他们的尊敬和重视。

5. 吃到鱼头、鱼刺、骨头等物时，不要往外面吐，也不要往地上扔，要慢慢用手拿到自己的碟子里，或放在紧靠自己的餐桌边，或放在事先准备好的纸上。

6. 要适时地抽空和左右的人聊几句风趣的话，以调和气氛。不要光低着头吃饭，不管别人，也不要狼吞虎咽地大吃一顿，更不要贪杯。

7. 最好不要在餐桌上剔牙，如果要剔牙时，就要用餐巾挡住自己的嘴巴。

8. 要明确此次进餐的主要任务。现在商海如潮涌，很多生意都是在餐桌上谈成的，所以要明确以谈生意为主，还是以联络感情为主，或是以吃饭为主。如果是前者，在安排座位时就要注意，把主要谈判人的座位相互靠近便于交谈或疏通情感；如果是后者，只需要注意一下常识性的礼节就行了，把重点放在欣赏菜肴上。

9. 最后离席时，必须要向主人表示感谢，或者就在此时邀请主人以后到自己家做客，以示回谢。

总之，和客人、长辈等众人一起进餐时，要使他们感到轻松、愉快、气氛和谐。我国古代就有所谓的站有站相，坐有坐相，吃有吃相，睡有睡相。这里说的进餐礼仪就是指吃相，要使吃相优雅，既符合礼仪的要求，也有利于我国饮食文化的继承和发展。

人际交往的礼仪

俗话说，瞎子还有个跛朋友。人人都有相好的人，不过有的人多些，有的人少些，而交友的情况又是千差万别的，不过还是可以找到一些共同规律的。这里我们从礼仪的角度谈谈日常人际交往的方法和艺术。

1. 从思想上重视人际关系。有人说，头几年的工作是为事业成功打基础的阶段，这个基础就是建立自己的信誉和良好的人际关系，做到工作认真负责，能拿得起，能放得下，获得上司的信赖和群众的认可。人际关系在东方文化环境中表现得十分重要和突出，搞好了就大大有助于事业的成功。

2. 关心自己周围的人。包括自己的家人、亲戚、朋友、同事、同学等。要主动关心、主动帮助，有些还需要主动体贴关照。这样就可以形成良好人际关系的氛围，使你周围的人时刻在关怀着你，指导着你，这就会使你感到前进有方向，工作有劲头。

3. 时刻牢记别人对自己的恩典。我们常说滴水之恩，当以涌泉相报，在人际关系中，这一点要大力提倡，在礼仪修养中也是要必须遵守的。人生活在社会中，每一个人都时刻处在人际关系的包围之中，人们相互间以德报德，以恩报恩，关系必然是融洽的；如果人们相互间总是以怨报怨，以牙还牙，必然弄得人心四散，鸡犬不宁，还哪有心思搞工作，搞事业！

4. 求人帮忙时，要选好时机。当别人心情好、方便、闲暇时提出要求，如实说明情况，态度要谦和、礼貌，语言要恰当、周全，不要给别人造成麻烦，更不能使别人冒什么风险。如果条件不具备，没能帮上忙，也要理解别人，说些理解的话，礼貌的话，化解别人的失落感，等以后条件具备时再帮忙。

5. 当别人求助时，要热情对待。在具体做法上，应该了解清楚有关的情况以后再做决定，不要大包大揽，更不能违法乱纪，损公肥私，毁坏自己的形象。如果真实情况了解以后，有条件帮助，也不一定能帮成，所以说话时要留有余地，以免万一帮不成时，失了自己的面子，也失去别人对你的信任。如果条件不具备，就要如实说明白，只要是有诚实的心情和符合事实的言辞，会取得别人的谅解和理解的，当然也需要表示出自己的歉意。

6. 对于较熟悉的人和交往较频繁的人要十分注意自己的信誉，说话算数，办事可靠，答应了的事情就要认真办好，办不好的事情要如实说明情况。好友帮的忙要时刻记在心上，并表示感谢，以后有机会时再图回报。经常沟通感情，节假日互送纪念卡、贺卡等。

7. 每个人都是一个相对独立的个体，所以，再亲密的朋友也要相对保持一定的距离。这里所说的保持距离，不是说思想感情、理论认识、对某些事物的态度等，而是说在个人生活方面。事实上，没有完全一样的两个人，不论是个人爱好、秉性、品格、情操，还是家庭教育、为人处世等差异总是存在的，所以，从一定的意义上来说，能在某些方面保持一定的距离，防止相互影响，友好关系才能长久维持。

8. 与什么人相好，与什么人交朋友，要进行十分认真的选择，尤其是年纪轻、阅历浅的人更要十分注意。古语说："近墨者黑，近朱者赤。"农村还有一句更通俗易懂的话是说："跟上好人学好人，跟上巫婆跳家神。"孔子也曾经说过"益者三友，损者三友"的道理。人是具有社会性的，什么样的环境，什么样的社会氛围，造成什么样的人。所以，俗话说："学好三年，学坏三天。"当然这是针对教育小孩子说的，但是也适合于用在重视人际交往和选择朋友的问题上。

9. 好友之间要真诚赞美优点，欣赏特长，相互学习，取长补短，共同进步。对于缺点要相互容忍，主动克服，求大同存小异。

10. 不论是对什么人，初次认识，既要热情、真诚，也要谨慎。人总是需要有个相互了解的过程，相互了解的过程也就是建立感情的过程，了解得越深，基础就越好。要真正了解一个人不是一件简单的事情，需要较长的时间，切不可轻信花言巧语。不是有一句古话叫"路遥知马力，日久见人心"吗，这是千真万确的。了解一个人除了需要较长时间之外，还要看他的行动。看行动不是看一两次行动，而是要看一贯的行动和实际表现，一贯的言行是否一致。历史和实践归根到底是检验事物的试金石。

总之，对待好友要真诚、热情，我们不是有个成语叫"倒屣相迎"吗，说的是东汉时期的大学问家蔡邕，他是蔡文姬的父亲，文史、辞赋、音乐、天文无不精通，官任皇室右中郎将。人称"人学显著，贵重朝廷，常车骑填巷，宾客盈座"。但他从不摆架子，从不傲慢，很善于和人交往，好朋友很多。有一次，他的好友王粲来拜访，正逢蔡邕睡午觉。家人告诉他王粲来到门外，蔡邕听到后，迅速起身跳下床，急急忙忙踏上鞋子就往门外跑，由于太慌忙，把右脚的鞋子踏到了左脚上，把左脚的鞋子踏到了右脚上，而且两只鞋都倒踏着。当王粲看到蔡先生是这么个模样，便抿着嘴笑起来。“倒屣相迎”这个典故就是这么来的，说明对待朋友的热情和一片诚意。

男女交往的礼仪

男女异性间的交往，首要问题是要有一个正常的心态。和比自己年纪大些的异性交往，就如同是自己的师长、兄长、大姐；同自己年纪相当的异性交往，就如同是自己的同学、兄弟、姊妹；和比自己年纪小些的异性交往，就如同是自己的弟弟、妹妹。不论是与什么样的异性交往都要大方、自然、有礼貌、有分寸。有些人与异性交往就表现出拘谨的样子，有些人与异性交往则表现出冷淡的样子，有些人与异性交往表现得过于热情，这些都是不恰当的，既不符合我们中华民族的文化传统和习惯，也不符合现代国际间通行的礼仪要求。应该怎么做？下面分两个方面简单加以叙述。

1. 女同学要庄重、沉稳，切不可轻浮、随便。这是有教养、有知识的女性共有的特点，也是礼仪修养的要求。不管与什么样的男生交往，这一点是绝对需要的。

2. 女生与男生交往分寸感要强。这里所说的分寸感就是指要掌握一定的度，以合适为好，不要太热情，也不要太冷淡。即使是熟悉的人，或者关系亲密的人，但在公共场合交往时，也不要表现出亲密无间的样子，更不要给别人以亲昵的感觉，以免给别人造成错觉，留下难以挽回的不良印象。

3. 女生得到男生的照顾是很自然的事情，但是一定要明察秋毫，弄明白男同学是出于礼仪还是有其他什么用意，然后根据具体情况恰当处理。

4. 青年女性，或大中专女学生与异性交往要保持自己的年龄特征，即淳朴、自然、大方、活泼的本性，切忌弄虚作假和装腔作势。有些女同学喜欢把自己打扮得艳丽出众，与异性交往就表现出矫揉造作、卖弄风情的样子，正直的男性是很讨厌这种做法的。有的女学生把自己打扮成贵妇人的样子，与自己的身份很不相称，给人以老练油滑的感觉，是不可取的。

那么，男同学在男女交往的过程中应该遵守哪些礼仪呢？

1. 男性一定要正直、正派，使人感到你是一位一身充满正气的人，这样就会自然、大方地和女生交往，如果是照顾女生就必须从礼仪出发。当然具体做法还要根据当时当地的客观情况恰当处理。

2. 男同学要把信誉放在第一位，说话算数，办事负责，与女同学交往要谦虚、和气、有礼貌、有责任感，这样就会取得女同学的信任。清朝的李子潜编写的《弟子规》一书中说："凡出言，信为先，诈与妄，奚可焉"；"凡道字，重且舒；勿急疾，勿模糊"。不仅说话必须讲信用，而且任何时候都不得有诈与妄的行为。

3. 大度是男生最突出、最重要的特征之一，从大处着眼，目光远大，胸怀大志，不计较小是小非，宽厚待人，这样就能赢得周围人们的好感，更会获得女同学的赞赏和亲近。

4. 男同学要刚柔相济，根据具体情况和环境，该刚则刚，该柔则柔，大事清楚，小事糊涂，尤其与女同学交往和接触，必须善于体察其实际情况和需要，以礼相待，给与必要的关心、照顾。

与残障人士交往

残障人士是属于特殊的人群。由于我国人口基数很大，所以，残障人士的数量不可小视，约有 8000 多万。在社会交往活动中，往往会遇到他们，如何正确、恰当地对待残障人士，就成为一个很现实的问题。

由于残障人士这个特殊群体的情况很复杂，残疾部位不同，形成的原因不同，每个人的经历差别就更大了，所以，有不少人在长期的实践中经过艰苦的磨炼，锻炼了他们的意志，培养了超过常人的心理承受能力，增强了信心和勇气，造就了吃苦耐劳、奋斗不息的品格，为社会做出了贡献，像我国的张海迪和美国的海伦·凯勒等就是突出的代表，她（他）们是国内外知名人物，也是我们正常人学习的好榜样。但是，就大多数人来说，或者就一般情况而言，由于身体的残疾，造成了他们的心理状态与一般正常人是不同的，如自卑感强，性格内向的人多，有的残障人士还胆怯、害羞、怕与人交往，甚至形成了孤僻、古怪的性格特征。因此，对待残障人士要根据他们的心理特征和具体情况，在很多地方要有不同于对待正常人的礼仪要求。

1. 在称呼上一定要做到尊重、亲切。年龄大些的，就根据本人的具体情况，可以称呼李师傅、张大伯、王大妈等；年龄和自己差不多的，就称呼名字等。在称呼的口气、语调上要亲切、亲近。千万不能叫李瞎子、张跛子之类，就是很熟悉的人，也最好不要这样称呼，即使开玩笑，在对他们的称呼上也要特别注意才好。

2. 和残障人士相遇时目光很重要，必须要做到以下两点：①要用正常的目光看待，千万不要一看见残障人士就显示出奇怪的样子或好奇的样子来；②不能把目光停留在他们的残疾部位。如果事先不知道，一看见后就很快把目光移开去；如果事先知道的话，就根本不要看其残疾的部位。有的人见到陌生人以后，习惯于上下打量一番，这对健全人来说关系并不算大，但是绝对不能这样看待残障人士，因为他们就是由于身体的残疾而感到不如人，如果有人仔细上下打量，就等于给他们的伤口上撒一把盐，伤害了他们的心灵。

3. 和残障人士谈话，要特别注意回避与其生理缺陷有关的词语和内容。如果要谈及残障人士的事时，就多谈些残障人士的事业、奋斗精神，社会的助残活动，个人的助残行为，在社会主义市场经济中的残障人士服务的企事业单位和发展前景等。一般情况下，就不要涉及残障人士的事情，就像和正常人交往一样，谈话内容可以广泛一些，根据谈话对象的爱好，天文、地理、历史、经济、政治、文化、新闻、趣事、国际、国内都可以，使其感到人们并没有把他们另眼看待。

4. 帮助残障人士时要特别注意方式方法。在帮助他们之前，一定要征得他们的同意后再进行具体的帮助。例如，遇到了盲人正要横穿马路时，就应该恭恭敬敬地走到他旁边，说明自己的身份，然后再问“我领你过马路好不好”？如查他同意了就帮助他穿过马路。因为残障人士很好强，他们不喜欢甚至反感别人对他们的怜悯，如果不征得他们的同意，一上去就帮忙，可能会被他拒绝，或者说些不好听的话，反而会使你陷入尴尬局面。

总之，对待残障人士与对待一般正常人是不同的，要更多一些理解、关心和耐心，一定要用正常的心态和平等的态度与他们交往。

尊老敬老的礼仪

孝敬老人是我们中华民族的优良传统之一，过去有句古话说：“人生在世，孝字当先。”有的地方也这么说：“作为人子，孝道当先。”意思是相同的。实际上尊敬老年人是个世界性的问题，像美国对老年人就有许多优惠待遇，坐火车买车票时价格优惠许多。

从老年人本身来说，他们的阅历丰富，经验很多，为社会做出了很多贡献，现在年纪大了，再不能像青壮年一样工作了，但是，他们的大量知识、丰富经验是整个社会的宝贵财富，应该毫不保留地传授给青壮年，作为社会不断发展、不断前进的推动力量。因此，老年人理应受到社会的尊敬和重视。事实上，社会越发展，文明程度越高，尊老敬老的风气就应该越浓。

从另一个角度来说，对待老年人的态度就是社会文明程度和社会风气好坏的一个显著标志。对老年人越尊敬，越能激发老年人对社会的爱心和责任感，越能把自己多年积累的知识、经验、教训传授给后代人，也越能启迪青壮年人更加奋发图强，为社会多做贡献。尊敬老年人的一些具体礼仪知识有如下几点应该特别注意。

1. 见到老年人以后要说敬语。敬语的运用要根据当时当地的具体情况。像青少年们见到了老年人，应该称呼大爷、奶奶，如说“李大爷您好”，“王奶奶身体还好吗”；如果是壮年人，见了老年人后应该称呼“您老”或“大伯”、“大婶”，像说“您老好”，“刘大婶身体还硬朗吗”，“张大伯您早”等。现在有一些人见了老年人不使用敬语，经常连一个“您”字也没有，有的人就直呼“老头儿、老太婆”。这是很不礼貌的表现，表明这些人连起码的教养都没有，更不要说什么礼仪修养了。

2. 对待老年人必须从心底里要有一种尊敬的感情。例如在公共汽车上、地铁里主动让个座位，上下车时主动让老年人先上下，或帮助拿一下东西、扶一下等；遇到老年人时，根据当时的具体情况，或起立、或下车、或行礼、或问候、或谦让、或主动为其服务等。这些事情看起来虽然很微小，但是却能表现一个人的精神风貌和内在涵养。如果能这样对待外国客人，就表现了我们中华民族的优良传统和整个社会的文明进步。

3. 要不断向老年人学习。我们不仅要尊敬老年人，而且要虚心向老年人学习，学习他们的社会经验、科学知识、人生教训、做人的道理和方法、修身养性的秘诀。老年人的丰富阅历本身就是人生的无价之宝，如果是一位聪明的青壮年，就应该自觉向老年人学习，这样就如虎添翼、前途无量。任何一个正常的老年人，都有我们学习的很多东西，关键在于我们每个人自己的学习态度和学习方法。

在社交中提高为人处世的能力

社会交往的功能

为人处世离不开社会交往。社会交往是一门很重要的艺术，人际交往是适应环境、适应生活、适应社会，形成完美个性的必要途径。对正处于人际社会化过程中的学生朋友来说，进行适当的社会交往尤为必要，具有重要的意义。具体说来，至少有以下几大好处：

1. 获得信息功能。一个人从书本上获得的知识毕竟是有限的，通过社交建立良好的人际关系后，人就能通过各种方式迅速获得信息。

一个人学识中的很大一部分是从社会交往中学到的，通过交流，双方拥有的知识、信息得以传播，交往的双方互通有无，使双方的知识面都得到扩展，信息得以增值，因为知识的交流不同于财富彼此间的交换，它能够增值。例如：双方相互交换一条信息，每人就会拥有两条，而信息、知识都是无价之宝。现代人尤其需要拥有知识信息。一个足不出户与人老死不相往来的人，将成为一个闭耳塞听、孤陋寡闻的人，因而不应该忽视交往这一渠道。

2. 自知和知人功能。人的自我意识并不是自然而然形成的，而是通过交往，在与别人的相互作用中逐步成熟起来的。首先，人是以他人为镜，在与别人的比较中认识自己的。一个人如果孤独冷漠，缺乏交往，那他对自己的认识就缺乏“参照系”，也就失去了衡量自己的尺子和照鉴自己的镜子。朋友交往，能够使我们从别人的个性中找到与自己的相似之处，发现别人身上好的或是不好的东西。其次，人还可以通过他人对自己的评价和态度，以及自己与他人的关系来认识自己的形象。良好的人际交往有助于认识自我，了解他人。一个人要想对自己有正确的认识，就有必要借助交往，通过与别人接触、比较等方式去获得。

自身拥有的一些优势或劣势，只有通过跟别人比较才能显示。如果缺乏交往，独来独往，就等于缺少衡量自己的尺子和照鉴自己的镜子，即没有认识自己的参照物，也就很难有自知之明。同时，我们要想了解别人，也必须通过与别人接触，才可能洞察各种各样的人的心理、品格、为人，进而达到知人的目的。

3. 社会化的功能。人际交往是个人社会化的起点，对于广大中小学生来说，更重要的是同伴之间的交往，它对你产生的影响更大。在与同伴交往的过程中，你会发现自己的某些言行举止是同伴所喜欢的，这种喜欢作为一种奖励会增加这些言行举止出现的频率；而有些言行举止是同伴们所不喜欢的，这样就会减少这些言行举止出现的频率。

在这个过程中，同学们就会有意无意地调整自己的行为。在与同伴交往的过程中，学生们逐步学到了社会生活所必需的知识、技能、态度、伦理道德规范等等，逐步摆脱了以自我为中心的倾向，意识到了集体和社会的存在，意识到了自我在社会中的地位和责任，学会了与人平等相处和竞争，养成了遵守法律和道德规范的习惯，从而为自立于社会，取得社会认可，成为一个成熟的、社会化的人打下坚实的基础。

4. 自我表现功能。良好的人际交往有利于自己在更广大的范围内表现自己。我们都希望别人了解自己，理解、信任自己。要使这一美好的愿望成为现实，就必须与人交往，才可能让人家了解你的能力、才干、特长、学识以及你的为人、品格、性格，才可能有更多的人赏识你，从而获得更多发展的机遇。只有扩大交际范围，在更大的范围内表现自己，别人才可以了解你的为人、性格、才能和学识。人际交往给自己提供了自我表现的可能性，也为人的才能得到发挥、抱负得以如愿以偿提供了可能性。

5. 人际协调功能。人际交往是人类在改造自然的过程中通力协作的产物，作为一个现代人，要想取得事业的成功，就要学会善于与人合作，要能组织、协调各种力量，调动各方面的智慧。

6. 有助于结识更多的朋友，建立和谐的人际关系。人际交往圈的扩大为寻找志同道合的朋友提供了更多的机会，这也会为你创造更多的有利条件。“多一个朋友多一条路”，是有一定的道理的。

7. 身心保健功能。当你心中充满忧郁，感到孤独时，与别人的交往诉说，会使你那失衡的心理恢复平衡，满足归属、合群的需要，使你的忧愁、恐惧、困惑通过与朋友、同学的交流而分担、解除，使心理压力得以减轻。而心理压力的预防、消除又有助于身体的健康。同学们作为一个社会成员，有着强烈的合群需要，通过相互交际，诉说个人的喜怒哀乐，就会引起彼此之间的情感共鸣，从而在心理上产生一种归属感和安全感。

在生活中我们不难发现，那些交际范围较大的人，往往在精神上很丰富，身体也就更健康些；反之，那些不合群的孤僻的人，往往有更多的烦恼和难以排遣的忧愁，同时也就会有更多的身心健康问题。

可见，作为一个中小学生，不仅要学好书本知识，而且要高度重视人际交往，认识到它的意义，积极主动地与各种各样的人接触，去经风雨见世面，培养好自己的交际、协调能力，积累必要的经验，以便将来更顺利地适应社会、驾驭人生。当然，我们绝不是提倡那种为交往而过度交往，那样既难取得理想的效果，也容易影响自己的学业，而是希望同学们掌握必要的人际交往艺术，明确交往的目的，端正交往动机，并且适当地进行交往。

中小学生的交往

中小学生处于从儿童向成人、从幼稚向成熟的过渡期，他们的人际交往也表现出明显不同于其他年龄段的特点。具体表现在：

从交往对象上看，中小学生交往的重心由父母转向同伴，交往范围日益扩大；从交往水平上看，中小学生人际交往的水平从初一到初二明显下降，初三时有大幅度的攀升，高中阶段保持在一个较高的水平上。女生的人际交往水平高于男生。

从交往性质上看，由于中学生自我意识的高涨、敏锐和个性的不成熟，表现出独立与依赖、开放与闭锁、成熟与幼稚等并存的矛盾性和过渡性，并且带有鲜明的情绪化色彩；在交往方式上，中小学生的交友由单一的直接接触向多样化发展，他们开始打破地域的限制，网络交友和以笔会友越来越普遍。从交往目的上看，从满足生理、安全等低层次的心理需求逐步向满足高层次的心理需求发展；在交往态度上，由表面、简单向深层、复杂发展。

中小学生的人际交往主要可以分为亲子交往、师生交往和同伴交往等类型。不同交往类型，在中小学生不同的年龄阶段，会表现出不同的特点。

亲子交往，即父母与子女之间的交往。它是出现得最早、最亲密、最稳定、持续时间最长的一种人际交往类型，因而它对个体的影响也是极其深远的。良好的亲子关系不仅会影响子女的智力发展和学业成绩，而且也会通过传递人际交往规范和技巧、树立人际交往行为榜样、塑造个性品质、满足情感心理需求、影响心理健康等多种途径，对子女以后的各种人际交往产生影响。

有人认为积极的亲子关系，会使儿童感受到爱与被尊重，对自己、他人和周围环境有积极、乐观的认识和期望，乐于与父母以外的人交往，形成的同伴关系和师生关系的也较为积极。而亲子关系不良的儿童，则容易对自己、他人和周围环境产生不良认识和消极体验，并影响其与同伴和教师的交往，同伴关系和师生关系也往往较为消极。

亲子交往的最大特点是不对称性，即父母在亲子交往中处于主动和支配的地位，父母对子女的影响也远远大于子女对父母的影响。目前对亲子交往类型的划分也主要是根据父母对子女的管教方式或行为方式来划分的。有人根据父母对子女的情绪态度（温暖、接纳还是敌意、拒绝）和控制程度（过度限制、要求还是忽视、放纵）两个维度，把父母对子女的教养方式分为 4 种类型：民主型、专制型、放纵型和疏忽型。

中小学生，尤其是中学生正处于过渡期和动荡期，这一时期亲子交往的特点表现为权威性降低、依恋性减弱、平等性增加和冲突性增强。

在中学之前儿童的眼里，父母的形象是至高无上的，他们对父母既尊重又信任。进入青春期后，随着生理上的成熟、知识经验的增加和社交范围的扩大，他们产生了成人感，对独立产生了强烈的追求和渴望，在情感、行为和观点上逐渐脱离父母，也希望父母能给予他们成人般的信任和尊重，要求在平等民主的基础上重建亲子关系。

但与此同时，他们在认知能力、人格特点和社会经验上都还表现出很大的幼稚性，大多数的父母还习惯于将他们当做孩子来对待。理想和现实的巨大反差，加上中学生自我意识的高涨，使他们对父母产生强烈的独立意识和反抗心理。如果父母不及时改变教养方式和态度，就可能导致亲子关系恶化，出现有针对性的闭锁心理。此外，随着年龄的增长，中学生交往的重心逐步由父母转向同伴，亲子之间如不保持沟通或者沟通方式不当，也很容易造成子女与父母心理上日益疏远。因此中学阶段又被称为“亲子交往的危险期”，加强亲子交往指导是非常有必要的。

天津市教科院“少年期亲子关系研究课题组”的研究表明，当前我国少年亲子关系中问题比较严重的主要有：

1. 家长对子女状况感到不安，采取过度保护的管教方式，造成子女依赖性强，忍耐性差，不勇于担负责任，人际交往少，社会性成熟比较迟，易出现退缩和孤僻。严重的对外界感到恐怖，不能适应社会环境，出现神经症倾向。

2. 家长对子女期望过高，干涉过多，支配过多，教育过于严厉，使子女长期处于紧张的心理环境中，容易出现意志消沉、灰心丧气、冷淡自卑、自暴自弃等不良心理。

3. 家长对子女过于溺爱和盲从，造成子女自私、任性、自我中心、缺乏独立性、忍耐力和耐挫力等。

4. 对子女采取忽视和放任的态度和做法。

中小学生亲子交往的另一常见问题是“代际差异”问题，即两代人在思想、行为、观念等方面存在的差异。由于父母和子女生活成长的时代背景不同，年龄、经历、知识结构等的差异，他们在看问题的角度和行为方式上也表现出相应的差异。

例如，在思维方式上，父母倾向于纵比，喜欢回顾自己过去在贫寒中奋斗的生活经历，因而容易知足和怀旧。而年轻一代的子女，则倾向于与同龄人、国外进行横比，常常表现出不知足和有追求；在思想和行为方式上，父母一般比较保守、谨慎、稳重，而子女思想开放，不拘泥于传统、勇于冒险和创新，有时也容易偏激。最差的存在给亲子交往带来一定的困难，妨碍着良好亲子关系的建立。因此努力防止、缩小和消除这种代差也是中小学生亲子交往指导的重要内容。

师生交往是中小学生人际交往的一种重要类型。师生关系有 3 个层次：成年人与未成年人、教育者与受教育者之间的社会关系、尊师爱生的伦理关系、以情感为核心的心理关系。教师角色的多样性和地位的特殊性决定了师生交往在学生成长中的特殊作用：

1. 行为的定向功能。大量的事实证明，师生关系能直接影响学生的学习兴趣和态度，进而影响其学习行为。对中小学生的一项调查显示，师生关系是影响学生学习的重要因素。学生对教师的态度和他的学科兴趣、学习成绩三者之间存在着正相关。

2. 情感调节与激励功能。良好的师生关系会使学生对教师产生依恋性的亲切感，影响其情感发展和个性形成，激发其努力奋发向上，著名的皮格马利翁效应就是例证。

3. 社会性发展功能。师生交往还是学生习得各种社会规范、道德价值标准等的重要途径。

4. 心理保健功能。有人研究指出，良好的师生关系有利于儿童形成对学校积极的情感态度，积极参与班级、学校活动，与同学形成积极的情感关系，发展良好的个性品质和较高的社会适应能力，进而促进心理健康的发展；而不良的师生关系可能使儿童产生孤独的情感和对学校消极的情感，以及使其在学校环境中表现出退缩、与老师同学关系疏远以及攻击性等不良的态度和行为，从而影响其学业成就，进而造成辍学、心理障碍等心理现象。

在小学生眼里（尤其是低年级的），教师的权威常常高于父母和同伴，他们可以接受任何类型的教师，与教师的关系一般也很友好。但到了中学阶段，师生交往出现明显的变化，具体表现在：

1. 权威性减弱。在中学生眼里，教师的影响力和感染力降低，不再是绝对的权威。他们开始用评价性观点和批评性态度来对待教师，更多地将教师看做是获得知识和技能的辅助力量，教师对中学生的奖励和激励作用也逐渐降低。他们逐步形成对教师更高、更全面、更深刻的要求和期望，教师的能力、学识和个性以及对学生的信任、尊重和理解在师生关系中占有的比重越来越大。

2. 依恋性减弱，心理距离明显，工作关系突出。随着自我意识的高涨，中学生开始倾向于独立处理遇到的问题，反对凡事依赖教师，反感教师婆婆妈妈式的管教，师生之间的心理距离加大，沟通出现一定的阻力。而且在这一时期，师生交往主要局限于学习和工作上。有调查显示，对于课余时间的交往选择，初中学生对老师和父母的选择水平相当，但远远低于对同伴的选择。

3. 选择性突出，评价性明显。中学生对教师的态度出现明显的分化，对教师的情感联系开始具有选择性。他们常在一起议论和评价教师，对自己认可和喜欢的教师更加亲密和崇敬，对不喜欢的则保持一定的心理距离，有的甚至出现疏远和反抗心理。

目前，我国的中小学生与教师之间的交往还存在不少问题。这表现在：我国的师生关系基本上是以工作关系和正式关系为主导，以感情和个性为基础的人际关系的成分还比较少，师生关系的心理距离还比较大。

据北京师范大学和日本福岛大学对北京地区 348 名中小学生关于师生关系的调查结果显示，在师生关系的亲密程度方面，关于“和谁说心里话”，选择父母的占 51.85%，选择同学的占 33.61%，选择其他人的占 6.55%，选择人数最少的是老师，仅占 5.41%。在师生关系的相互信任方面，关于“与谁谈论自己身体发育方面的问题”，选择父母的占 64.60%，选择同学的占 15.04%，选择老师的仅为 6.78%。

另外，从师生关系冲突的来源来看，教师对学生的教育态度、方法、期望要求和学生的心理需求、实际能力和行为表现间存在着较大的矛盾和冲突。

交往可以分为垂直交往和水平交往。前者是指水平、地位不相等个体间的交往，师生交往和亲子交往都属于这种类型。后者是指具有相同社会地位或相当心理水平的个体间的交往，同伴交往（即年龄相同或相近的儿童之间的交往）就属于这种类型。水平交往具有平等性和互惠性，因此在儿童青少年的身心发展中，它比垂直交往的影响更强烈也更广泛。具体而言，同伴交往的重要作用体现在：

良好的同伴交往有助于成功社交技巧的获得。经常和同伴在一起，能锻炼个体和他人交流的能力，特别是言语技巧。在同伴中地位较高的个体通常能够适当地控制自己的攻击性行为，性别分化明显，具有较高的道德水平，而且比较友好和喜欢交际。

良好的同伴关系能提高安全感和归属感，有利于情绪的社会化。归属感即一个人属于群体和被接纳的感受，这种感受只有在群体中获得，而无法在一对一的友谊中得到。当个体知道团体中的其他人赞同或肯定自己的某些方面时，他将愿意与他们共享群体的规范，取得群体的认同，这对个体的自尊感具有积极的影响。

归属感的需要一般在青少年时期变得更为强烈。大量研究也表明，具有良好同伴群体关系的儿童表现出友好、谦逊的品质和低焦虑，能顺利适应环境。

良好的同伴经验有利于自我概念和健全人格的发展。正是在与他人的相互作用中，个体才能根据自己与父母、姐妹、老师和同学的交往经验确立他们的自我，从而促进人格的健康发展。

同伴团体还为个体提供了一个特殊的信息渠道。同伴团体中的每个人都带着各自不同的知识经验和价值观念，可以说同伴交往是各种不同信息的汇合，也是儿童青少年获得知识经验技能的一个重要源泉。

总之，同伴关系在中学生适应学校和社会过程中起着重要的作用，良好的同伴关系有利于中学生社会价值的获得、社会能力的培养、学业的顺利完成以及认知和人格的健康发展。而同伴关系不良有可能导致学校适应困难，甚至会对成人以后的社会适应造成消极影响。

认知障碍与偏差

认知障碍与偏差是中小学生在社会交往中常见的障碍之一。认知障碍与偏差主要表现在以下几个方面。

首因效应

首因效应又称第一印象效应，是指最初的印象会影响个体对他人后来的认知。由于每个人都有保持认知平衡与情感平衡的心理需要，即人们必须使后来获得的信息的意义与已经建立起来的观念保持一致，所以第一印象一旦建立就会对人们后来的认知起定向作用，使人们偏信初次印象，而忽视后来的新信息或根据初次的印象来解释和组织后来的信息。它容易导致人际认知的表面性和片面性，阻碍良好人际关系的建立和人际交往的顺利进行。

例如，有些中学生喜欢根据第一节课的教学风格武断判断该教师的教学水平，并影响他今后对这门学科的学习兴趣以及和该教师的交往态度。

首因效应一方面要求教师要引导学生全面客观评价他人，避免仅凭第一印象就武断下结论；另一方面也应指导学生在平时注意自己的仪表、言行举止、气质等，以便交往时给他人留下良好的第一印象，为以后的交往打下良好的基础。

晕轮效应

对一个人形成某种特征的好或坏的印象之后，就据此推断该人其他方面特征的好坏，这就是晕轮效应，又称光环效应。平时我们常说的“以貌取人”就是该效应的典型例子。

晕轮效应有利于人们在认识其他人和事物时节省时间和能量，作出迅速的判断。但由于某方面的突出特征起着类似晕轮的作用，使观察者因看不到其他方面的品质而形成“一好百好”、“一坏百坏”的错误判断，因此它会影响正常的人际交往。晕轮效应对不同人的影响程度是各不相同的，独立性强、灵活性高的人受晕轮效应的影响相对较小，情绪不稳定、适应性差的人受其影响较大。

由晕轮效应引起的人际交往障碍在中小学生中非常普遍，如常因为一点小争执或父母不尊重自己的意见就认为父母不关心自己、不爱自己，拒绝和父母进行积极的沟通；倾向于和成绩好或长得英俊漂亮的同学交往，不愿意和成绩不好、长得不好看或有残疾的同学交往，认为他们在其他方面也一无是处等等。

刻板印象

刻板印象是指人们对某一群体的人形成的一种概括而固定的看法。同一群体的人通常会表现出很多方面的相似性，人们在社会知觉中常常会将这些相似的特征加以归纳和概括并固定下来，并泛化到该群体的每个成员，于是就形成了刻板印象。例如老师通常认为农村来的学生是勤奋刻苦、贫穷节俭的，而城市的学生多是娇气、聪明、多才多艺的；女同学一般比较心细、听话、温柔、语言方面天赋好，而男同学一般胆大、调皮捣蛋、在数理化方面天赋较好等等。

由于刻板印象是把同样的特征赋予群体中的每一个人，而不考虑每一个成员的个别差异，所以很容易形成某种偏见，影响交往的顺利进行。如，城市里的学生认为从农村考进来的学生是土里土气、不讲卫生、没教养的，于是从一开始就以瞧不起、孤立甚至对立的态度对待他们，结果阻碍了双方友谊的建立。又如，一位女生，因父亲有外遇而父母离异，从小便形成“男人没一个好东西”的刻板印象，于是从不和男同学交往。

投射作用

投射作用是指个体将自己的特征投射到他人身上的现象，即“以己之心度他人之腹”。在中小学生中这种心理很常见，例如，某生自己很小气，不愿意将参考书借给别人看，就认为别人有好的参考资料，也不会轻易地借给自己；自己讨厌某个任课教师就认为他肯定也不喜欢自己；自己不愿意把心里话和父母讲，就认为父母也不关心自己到底在想什么。

投射作用是个体的一种防御机制，当个体具有某方面不好的品格时，他会有意识地收集他人在这方面的相应表现，得出别人和自己一样，也有类似毛病的结论，从而寻求心理平衡，安慰自己不必过多自责。然而，投射作用会使人们无法客观地认识自己与他人的差异，对他人作出错误的判断和评价，甚至疑神疑鬼，从而妨碍其正常的人际交往。

角色固着

每个人在生活中都在扮演着不同的角色，例如，老师在课堂上扮演的是教师的角色，在课外和学生一起聊天的时候扮演的又可能是朋友的角色，回到家又要扮演丈夫和父亲的角色等等。

角色固着是指人们在交往的过程中不能根据交往对象和情境的变化灵活地变更角色，行为举止拘泥于某个特定的角色。例如，某生从小到大都担任班长，于是养成无论在工作还是在日常与同学的玩耍中都以大班长的口吻命令、指挥同学，结果招致大家的不满，同学们都不愿与之做朋友。

另一方面，角色固着也会使我们以固定的眼光来看待交往对象，从而影响良好人际关系的建立。例如，很多中学生认为老师就是老师，不可能成为学生的朋友，即使在课余游戏时间里也不敢和他进行平等的交往。或者只注意老师在课堂上的教学如何，不能理解教师作为其他角色也会遇到很多烦恼和不愉快等等。

行为和人格障碍

中小学生在社会交往中表现出来的行为和人格障碍主要有攻击性行为和退缩性行为，人格障碍主要有偏执性人格和自我中心。

攻击性行为

“攻击”是指以造成伤害（肉体伤害或精神伤害）为目的的行为，不仅包括身体攻击（如动手打架），也包括言语攻击（如痛骂、挖苦、嘲笑等）。由于中学生的情绪具有强烈性、狂暴性和固执性等特点，攻击性行为在中学生中更为常见，表现为经常为很小的事（如别人说错一句话或不小心被别人撞了一下等）就大打出手或破口大骂。

一般而言，攻击性行为可分为3种：自卫性攻击（即对他人的攻击所做出的自卫方式的反应）、非自卫性攻击（即为了达到支配或打扰他人而表现出来的攻击行为）和强迫性攻击（即无法自我控制的攻击行为）。我们这里谈及的行为障碍主要指后两种，但无论是不是正当防卫，攻击性行为都可能导致人际关系的恶化，因此教师应培养学生适度克制、忍让的社交品质。

引发攻击性行为的原因是多方面的，既有外部的原因，如他人的侵犯、个体的目的活动受到挫折等，也有内部的原因，如希望引起他人的注意、借故发泄情绪、间接的观察学习（如模仿电视上的暴力行为）等等。

退缩性行为

退缩性行为的表现是多种多样的，除了前面提到的孤僻、恐惧外，胆怯、怯懦也是人际交往中的一种典型的退缩性行为。它主要表现为胆小怕事、软弱无能、委曲求全，面对不合理的要求时，常因为害怕别人不高兴而不敢拒绝，害怕别人的讥笑和伤害，缺乏自我防御、自我保护的能力和反抗的勇气等等。交往中过多的怯懦行为容易强化他人不适宜的行为和态度，而且退缩者自己也容易产生挫折感，导致自我评价和自信心的下降，有时候还会对交往对象产生暗暗的怨恨情绪，所有这些反应都会直接或间接地对人际交往产生影响。

产生退缩性行为的原因可能有：身体素质较差，相貌、身体有缺陷；家庭社会地位和经济条件差；家庭不和睦或父母离异；经常受同伴欺侮，多次反抗但屡受挫折；缺乏基本的社交技能；父母教养方式不正确，如封闭式的家教方式，家长担心孩子学坏，限制孩子与外面世界的接触，结果使孩子对人际交往产生惧怕心理。此外，在专制型的家庭中成长的孩子由于事事都由父母说了算，在家必须言听计从，久而久之，与人交往时都小心翼翼，迁就他人，生怕惹事。

偏执性人格

具有偏执性的中学生通常表现为：固执死板、多疑敏感，特别热衷于争论、爱钻牛角尖、缺乏幽默感、对问题的看法偏激，而且不易改变，容易动怒，对不符合个人观念的事物表现出激烈的对立情绪和行为。在自我评价方面容易过高估计自己的能力，一旦遭遇失败，不是从自己身上找原因，而是倾向于将失败推诿于客观原因。对别人的成功极为妒忌，对侮辱和伤害铭刻在心，不易释怀。这些人格特征都是人际交往中的巨大障碍，因此带有偏执性的人，其人际关系往往都很差。

自我中心

自我中心也是一种常见的人际交往障碍，尤其现在的中小学生大多是独生子女，具有这种障碍的中小学生表现为：在交往中以自我为中心，一切行为从满足自己的要求和兴趣出发，不考虑他人的需求、感受和利益，经常引发同伴的不满，往往无法与人进行友好的交往。例如，有一女生自己睡觉时不允许其他人发出声音，但在他人休息的时间里则毫无顾忌，想做什么就做什么，根本不考虑他人的感受，结果与室友的关系很紧张。

社交的心理规律

社会交往是不是有规律可循的呢？答案是肯定的。但是社会交往是人与人之间的交往，所以其中的规律也就是人的心理规律。社交的心理规律首先表现在人际吸引的影响因素方面。人际吸引的影响因素主要有外貌、空间距离、相似和互补、才能等。

外貌

外貌在人际吸引中是非常重要的，一般而言，人们更喜欢那些外貌漂亮的人，并由此产生晕轮效应，即将外貌泛化，而忽视其他方面的特征。然而，外貌并不是万能的，随着交往的深入，外貌的作用将逐渐减弱。

因此，广大的中小学生应该思考：和他人交往时，你是否经常以貌取人？如果你长得不那么令人满意，是否经常为此苦恼和自卑，从而使自己在人际交往中更加没有吸引力？如果你天生丽质，那么想想人们是不是因为你漂亮而偏爱你？你是否因此而放松了自己内在素质的提高，甚至助长了你的骄横无礼……

空间距离

空间距离对人际关系的影响是很复杂的。距离上的接近可以增加交往的频率，从而使关系更紧密。“远亲不如近邻”就是这个道理。又如，同桌、住处邻近的学生发展成为好朋友的可能性更大。但距离的接近也可能增加冲突的机会，从而使关系破裂。而且心理学研究表明，每个人都有维持自我空间的需要，一旦他人闯入就会感到受侵犯，产生不适应感。所以人们在拥挤的、自我空间狭小的公共汽车上，会不自觉地通过避免目光接触来拉开人际距离。

相似和互补

相似性（如共同的民族、价值观、兴趣等）可以增加彼此的共同语言，产生情投意合、幸遇知音的感觉。如异地见老乡会觉得格外亲切就是相似性在起作用。互补性则可以满足控制与相互依赖的需要，使人际关系更加稳定。而相似和互补实际上又是一致的。例如，一个支配型的学生之所以能和另一个服从型的学生和睦相处，是因为他们对朋友的作用有相同的认识，这种互补恰好说明了他们在态度和价值观上的相似。

才能

一般而言，人们更喜欢那些聪明有才能的人，因为每个人都有追求自我完善的期望和需要，而聪明有才能的人能给人帮助，使人产生安全感。但才能与喜欢的程度只在一定程度内成正比，超出该范围，才能就会使人产生压力，敬而远之。所以，在人际交往中没有必要把自己塑造成一个完美无瑕的人。相反，偶尔犯小小的错误反而会增进人际吸引，这也就是心理学上常说的“犯错误效应”。

心理学家通过对社交心理的研究，总结了两个基本理论，分别为交往分析理论和自我三层理论。

交往分析理论，又称 PAC 理论，是心理学家伯恩于 1957 年首先提出的。该理论认为，每个人的个性中都有父母、成人和儿童 3 种成分，这 3 种成分以不同的方式组合在一起就形成了各种不同人格的人。

1. 父母（Parent，简称 P）成分。它是从父母和其他权威人物身上习得的，以权威和优越感为标志，表现为凭主观印象办事、独断专行、滥用权威。

当 P 成分占主导时，喜欢说“你应该……”、“你不能……”、“你必须……”等。

2. 成人（Adult，简称 A）成分。它代表客观与理智。行为表现为待人接物冷静、慎思明断、对自己负责、对他人尊重。其语言特征为“我个人认为……”“我的想法是……”

3. 儿童（Child，简称 C）成分，比如婴儿的冲动。它表现为服从和任人摆布、喜怒无常、感情用事、追求享乐、不负责任、遇事无主见、逃避退缩、不顾及他人等；在语言上表现为“我不管……”、“我不知道……”、“我要……”、“我就是要……”、“我有什么办法……”在这 3 种成分中，P 和 C 具有盲目性、被动性和两面性，A 具有自觉性、客观性、探索性和反省能力。健康的人格应该是这 3 种成分适时、适度和整合的发展。

根据 PAC 理论，交往中不同的心态可以构成 6 种不同的交往组合：P—P、A—A、C—C、C—P、A—P 和 C—A。有些交往组合虽然能匹配，但不一定有利于个体的发展。例如，A—P 型，一个说：“我不想去上课。”另一个马上回应：“那我帮你撒谎，向老师请假，作业也帮你做好。”这种互补性的交往虽然能维持，却会助长依赖性和不平等性，从长远来看无益于个体身心和人际关系的健康发展。

只有在 A—A 交往中，大家都本着负责和相互尊重的原则合理地解决问题，因此是最健康、最理想的交往组合。因此教师应指导学生在交往中不断反省和调控自己交往心态，强化自己成人的交往心态，建立和维持健康的人际关系。

自我三层理论是由美籍华裔学者许光良提出的，他认为人与人的关系主要体现在个人对他人情感卷入的程度。根据卷入程度的不同可以将自我划分为深层、中层和浅层 3 个层次：

1. 自我的深层又叫亲密层，是个体感到最亲密的那一部分外在世界。作为自我深层所依托的对象，个人对他有强烈的感情，可以无话不谈，无须任何戒备，也不用担心会遭到拒绝、厌恶和鄙视，可以从他那里获得安慰、同情和支持。总之，个体和他是可以充分相互信任和理解的。个体对深层的需要就如同对食物、水和空气的需要一样，是不可缺少的。自我深层所依托的对象如果突然丧失，会给个体带来巨大的精神创伤，甚至出现心理问题。

2. 自我中层又称角色层或支持层，它以角色关系为特征。位于中层的人对个体很有用，但与位于深层的人不同，个体对他并没有依恋的感情，因为同一个角色完全可以由不同的人扮演。当然长期稳定的角色关系会产生感情，这时自我中层的变化可以引起一定的情感反应（如几年的同窗毕业之际会有一点恋恋不舍），但这种情感远没有因自我深层丧失而引发的情感那么强烈。

3. 自我浅层又称工具层。该层的个人联系是可有可无、偶然、短暂的。例如，外出旅游时邂逅的朋友、临时的工作搭档、舞伴等等。

根据自我三层理论，个体在人际交往时必须分清亲疏远近，将不同的人恰当地纳入自我的 3 个不同层次，否则就容易产生心理冲突，严重时甚至导致心理疾病。例如，有人在遭受某些严重的打击后，认为世界上任何人都不可信赖，不可能成为好朋友，将所有交往的对象都置于自我的工具层和角色层，就很容易导致自我深层的空虚，引发心理上的不健康。

相反，如果将大多数人置于自我深层，对其赋予过多的情感，又会使自我深层过于拥挤，这同样可能导致心理疾病。因此，正确的人际交往应该是合理地将交往对象分配到不同的自我层中去。

社交的引导机制

中小学生在社会交往中需要引导，引导机制可以从4个方面来考察。

1. 亚社会认同机制。亚社会是指相对于宏观意义上的大社会而存在的直接社会环境或较小的社会背景，如一个地区、一个学校等。

有时候中小学生的同辈团体也可以构成亚社会。生活的亚社会环境不同，中学生的价值倾向、生活方式等也存在着很大的差异，这些差异就直接导致了他们微观心理发展状况的不同。

亚社会与大社会环境有时一致，有时不一致，而这些不一致常常是引发中小学生心理发展冲突的根源。因此在中小学生人际交往指导中，一方面要引导学生正确认识和对待这种不一致，另一方面要重视积极健康的社区、学校等亚社会环境的建设。

2. 社会学习机制。班杜拉认为，人们的社会行为不仅决定于直接的行为实践，而且通过观察他人行为及其后果也可以使个体习得恰当的社会交往方式。外部社会的力量不仅在直接作用于行为者本身的情况下，对行为者的社会交往行为产生定向作用，而且当这些强化力量作用于其他与行为者有共同特征的人（比如同辈），且这种作用过程及其后果被行为者观察到时，也会对行为者产生同样或类似的作用。这种强化方式被称为替代性强化。

此外，随着人们自我意识水平的提高和自我评价的标准和系统的逐渐形成，人们的自我强化也开始成为社会化经验中具有自我引导性质的重要机制。根据社会学习机制，我们不仅可以通过直接的系统教育使学生掌握正确的人际交往观念和行为方式，而且也要重视日常生活观察和榜样的教育作用。

3. 社会比较机制。随着自我意识水平的不断提高，中小学生对自我评价的需要也越来越强烈。中小学生的自我评价倾向于社会比较，也就是将自己的状态和他人的状态进行对比以获得明确的自我评价。社会比较对青少年的发展有着重要的影响。

米尔格莱姆与谢立夫的经典研究发现，社会比较不仅有即时的行为效应，而且会导致稳定的观念改变，经过社会比较过程所获得的规范概念，即便在青少年独处时也会继续发挥作用。因此，充分利用这种社会比较机制，引导青少年扩展自己的社会比较范围和深化社会比较的性质就成了促进他们心理发展的一个重要途径。

4. 角色引导机制。从角色理论的观点看，儿童与青少年的学生角色是其自我统一性的核心。因此，学校社会的接纳和承认是他们自我价值的核心构成部分。

自我价值最重要、最深刻的来源是社会的认可。青少年更看重社会接纳与社会承认。他们对偏离社会和被社会抛弃的焦虑与恐惧尤其强烈。这些都构成了青少年隶属和认同于社会的心理动力，成了他们自觉不自觉地与社会现状或基本倾向保持一致的心理原因。

一般而言，个体越是缺乏独立的、稳定的自我价值体系，其社会判断与自我价值判断就越依赖于社会既存的状况和大多数人的选择。因此，年龄越小，受到社会影响的作用也越大。

社交的基本原则

广大的中小学生要在社会交往中提高为人处世的能力，就要遵守社会交往的基本原则，扩大交际面。一般来说，社会交往应遵守以下原则：

1. 交互原则。在人际交往中，人人都希望别人能承认自己的价值、支持自己、接纳自己、喜欢自己。但要别人喜欢自己也是有前提的，那就是我们也要喜欢别人、支持别人、承认别人的价值。

所谓交互性原则就是在人际交往中喜欢与讨厌、接近与疏远是相互的，在一般情况下，喜欢我们的人，我们才会去喜欢他；愿意接近我们的人，我们才愿意去接近他。而对于疏远和厌恶我们的人，我们也倾向于疏远和厌恶他。“爱人者，人恒爱之；敬人者，人恒敬之”，“己所不欲，勿施于人”就是这个原则的体现。

因此，广大的中小学生与他人建立和维持良好的人际关系时，应该遵循交互原则，首先接纳、喜欢他人，并善于主动表达自己对他人的爱和关心，保持人际交往中的主动性。例如，在如何改善亲子关系方面，同学们主动向父母表达内心的感受和观点；首先学会尊重和理解父母，从而赢得父母的尊重和理解；适时适当地表达自己对父母的爱和感激（如可以利用母亲节、父亲节或父母生日等组织学生为父母献爱心），体贴和孝敬父母，积极承担部分家务，努力为父母分忧等，从而积极主动改善和父母的关系。

2. 功利原则。在人际交往中，人们不仅像交互原则强调的那样需要行为倾向的相互对应，而且还希望保持等价交换。人们的一切交往活动及一切人际关系的建立与维持，都是人们根据一定的价值观选择的结果，对于那些对自己来说是值得的，或得大于失的人际交往，人们就倾向于建立和保持，而那些对自己来说不值得，或失大于得的人际交往，人们就倾向于逃避、疏远和终止。只有当双方都觉得自己的得不小于失时，交往才能顺利地进行下去。

遵循功利原则，要想被别人接纳，就必须了解别人在人际交往中的价值倾向，不能只知道向别人索取，自己却不付出和“投资”，而应该努力保证他人的得失平衡，从而使其感到与自己的交往是值得的。

3. 自我价值保护原则。自我价值保护原则，即人们为了保持自我价值的确立，心理活动的各个方面都有一种防止自我价值遭到否定的自我支持倾向。

例如，自己获得成功时，我们倾向于将成功归因于自己内部的原因(如能力)，以显示自己优于别人。而别人获得成功时，我们就更多的是归因于外部原因（如运气），使自己感到别人并不比自己优越。在人际交往中，人们只接纳那些喜欢自己、支持自己的人，而对否定自己的人则倾向于排斥，这也是自我价值保护原则的表现。

4. 情境控制原则。每个人都有对情境（物理情境、社会情境和心理情境）加以控制的需要，当情境不明确，或者情境无法把握时，就会引起机体强烈的焦虑和高度紧张的自我防卫状态，个体也会倾向于逃避这种情境。

例如，大多数的学生都不愿意和班主任单独相处，因为和班主任在一起时，情境控制的权利完全在他手上，学生只能感到高度束缚，不能自由地进行交往。

根据情境控制原则，任何一种人际关系，无论多么紧密，只要交往双方对情境的控制上不均衡，一方必须受到另一方的限制，这种交往就不可能深入，必定缺乏深刻的情感联系。

例如，父母总是以权威的身份和子女交往，亲子之间就很难建立友好融洽、相互信任的关系。因此教师应指导学生创设平等、自由的人际交往环境，使他人知觉到情境是可以自我控制的，获得心理上的安全感，从而促进人际交往的顺利展开。

摆正社交的观念

广大中小学生要获得良好的人际关系，除了遵守社交的基本原则之外，还应认识人际交往和友谊的意义。

虽然人际交往在中小学生的生活中日益重要，交友需求日益强烈，但仍有少数学生存在一些不正确的认识，如“只要成绩好，老师喜欢，其他同学不欢迎、不喜欢自己也无所谓”、“没有朋友，独处也挺好的，这世界上没有什么人是值得信赖的”等等。

所以教师和家长有必要通过辩论、集体讨论、游戏等多种方式让学生正确认识友谊和与人友好交往的意义和作用。例如，可设计“盲人旅行”活动，即将学生分成两组，让其中一组当盲者，另一个人当明者，盲者以手帕蒙眼，明者搀扶盲者前进直到目的地。然后交换扮演角色。活动结束后，学生交流感受。通过该活动让学生体验人与人相互帮助、相互支持的需要和感受。

除此之外，广大的中小学生还应该树立正确的友谊观和择友标准。有人将儿童青少年友谊认知的发展分为4个阶段：4～6岁是自然发展阶段，7～11岁是主观阶段，12～16岁是前社会阶段，17～18岁为社会阶段。

也就是说大多数中小学生正处于前社会阶段向社会阶段发展的时期。在前社会阶段，个体能明确地意识到朋友双方深刻的联系——一种心理上的联系，而且把朋友和自己看成是一个整体。认为朋友之间需要的是相互理解和支持，对朋友的要求已不再停留在对方的个性品质上，而是进一步要求在个性心理特征上尽量与自己一致，并且持“双方”观点，导致了新的互惠意识——一种思想、感情甚至人格上的分享。

到了社会阶段，他们不但对与朋友之间的关系，而且对人与人之间的关系形成一种总的看法。这时的友谊不再是两个人深层意识的分享，而是这种分享已经扩展到 3 个人或多人心理上的默契和信赖。他们不但认为“友谊是人生的一大需要”和“友谊存在于个人与个人、集体与集体、民族和民族之间”，而且认为朋友之间还可以是“一种思想上的默契”。

目前众多的调查显示，我国大多数中小学生对友谊的认识是比较健康积极、全面辩证的。但中小学生的人际交往还带有明显的情绪性，他们的抽象思维能力虽得到迅速发展，但经验和感性仍占有非常大的比重。

这些年龄特点决定了他们对友谊的认识还有可能出现偏差，是非辨别能力还很有限，还有可能出现将“哥们义气”与友谊等同起来，认为“交往就是靠吃喝拉关系”等错误的交友观念，因此指导中小学生树立正确的友谊观和择友标准是非常有必要的。

广大的中小学生应该明白，真正的朋友是建立在全面相互了解的基础上，不仅要了解对方的学业成绩、兴趣爱好，更要了解对方的人品、理想、价值观是否符合自己对朋友的要求。

真正的朋友应该是相互理解和信任、相互帮助、共同成长的。

健康的交往心理

在遵守社交的基本原则，摆正社交观念的前提下去交往，广大的中小学生是不是就可以拥有良好的人际关系了呢？大家为人处世的能力是不是就会有所提高了呢？下面，我们来看一个小故事。

吴姗和李晶是一对要好的朋友，学习、生活中经常是形影不离。后来吴姗觉察到李晶常常周末不在教室自习，问她去做什么，李晶不肯说，又担心吴姗多心，影响两人的关系，内心很矛盾。吴姗则很不高兴，认为两个好朋友之间不该有个人隐私，若保留个人隐私就不是真正的友谊。她们的矛盾症结在该不该保留个人隐私上。

个人隐私是个人感的重要体现，没有个人感就没有个人隐私，没有个人隐私也就无所谓个人。隐私之所以重要，在于它接纳了每个人私生活的合法性和独立性。吴姗和李晶没有掌握好友谊和个人隐私的分寸，因而两人都十分痛苦。

个人隐私如同我们每个人的“内衣”，没有人愿意在大庭广众前赤身裸体，也没有人愿意在外人面前暴露他内在的“服饰”（模特例外）。这是因为个人隐私中包含的绝大部分秘密属于生活中不可言说的部分，它必须保密，所以它不能与人随意分享。

在人际交往中，无论是同性还是异性间，都在尊重他人、保护他人的隐私，不能强迫别人暴露。真诚、宽容、信任是与尊重同等重要的健康交往心理。

大作家屠格涅夫有一天走在街上，一个年迈体弱的乞丐向他伸出发抖的双手，大作家找遍所有的衣袋，分文没有，感到惶恐不安，只好上前握住乞丐那双脏手，深情地说道：“对不起，我什么也没有，兄弟！”

哪知，大作家这一声“兄弟”，却超过了钱币的作用，立刻使老乞丐为之动容，泪眼盈盈地说：“哪儿的话，这已经很感激了，这也是恩惠啊！”

这个故事说明，无论什么人，无论地位高低，渴求得到尊重的心情是一样的。古人说“敬人者，人恒敬之”。

尊重包括自尊和尊重他人两个方面。自尊就是在各种场合自重自爱，维护自己的人格；尊重他人就是尊重他人的人格、习惯与价值。尽管由于主客观因素的影响，人与人在气质、性格、能力、知识等方面存在差异，但在人格上是平等的。只有尊重他人才能得到他人的尊重。

真诚待人是人际交往中最有价值也是最重要的原则。以诚待人是人际交往得以延续和深化的保证。

美国一位心理学家曾列出555个描写人品的形容词，让学生说出最喜欢哪些，最不喜欢哪些，结果学生评价最高的品质是：真诚。在8个评价最高的形容词中，有6个和真诚有关，即真诚、诚实、忠诚、真实、信赖和可靠。而评价最低的品质中，虚伪居首位。

古人说："以诚感人者，人亦诚而应。"在交往中，只有彼此抱着心诚意善的动机和态度，才能相互理解、接纳、信任，才能在感情上引起共鸣，使交往关系巩固和发展。那种"逢人只说三分话，未可全抛一片心"的交往信条，侵蚀着健康的交往关系。

宽容表现在对非原则问题不斤斤计较，能够以德报怨。在人际交往中难免会遇到一些不愉快的人和事，要学会宽容，学会克制和忍耐。

中小学生在人际交往中心胸要宽、姿态要高、气量要大，遇事要权衡利弊，切不可事事斤斤计较，苛求他人，固执己见。要尽量团结那些与自己的见解有分歧的人，营造宽松的交际环境。学会原谅别人是美德，学会宽容别人是高尚。有了这样的心境，就会有良好的人际关系，就会使自己每一天都快乐。

互利是指交往双方在满足对方需要的同时，又得到对方的报答，双方的交往关系就能继续发展。如果一方只索取不给予，交往就会中断。互利性越高，交往双方关系就稳定、密切；互利性越低，交往的双方关系就疏远。人际间的互利包括物质和精神两方面。

谦虚是一种美德。谦虚好学者，人们总是乐于与之交往，反之狂妄自负、目无他人的人，人们往往避而远之。在人际交往中，豁达、谦虚谨慎、戒骄戒躁、虚心学习他人之长，常常会有亲和力；而狂妄自大、傲视他人、不懂装懂、知错不改，是为人所厌恶的。

"金玉易得，知己难寻"。所谓知己，即是能够理解和关心自己的人。相互理解是人际沟通、促进交往的条件。理解不等于知道和了解。就人际交往而言，你不仅要细心了解他人的处境、心情、特性、好恶、需求等等，还要根据彼此的情况，主动调整或约束自己的行为，尽量给他人以关心、帮助和方便。多为他人着想，处处体恤别人，自己不爱听的话别送给人，自己反感的行为别强加于人。古人说："己欲立而立人，己欲达而达人，己所不欲勿施于人。”当你在与人交往时，处处理解和关心他人，相信别人也不会亏待你。

人际交往要讲究一个“信”字。信用有两层含义：一是言必信，即说真话，不说假话。如果一个人满嘴胡言，尽说假话骗人，到头来连真话都不能使人相信了。二是行必果，即说到做到、遵守诺言、实践诺言。如果一个人到处许愿而不去做，必然会引起人们的反感和唾弃。无信不立，“言而无信非君子”。

要取信于人，首先要守信，即言行一致、说到做到。

其次，要信任，不仅要信任别人，而且要争取赢得别人的信任。

第三，不要轻易许诺，即不说大话，不做毫无把握的许诺。

第四，要诚实，即自己能办到的事一定要答应别人去办；办不到的事要讲清楚，以赢得对方的理解。

第五，要自信，即要有一种自信心，相信自己能行，给人以信赖感和安全感。

友谊靠真诚得到

在前面，我们已经将健康的交往心理在社会交往中的重要作用做了论述。下面，我们将详细论述其中最为重要的一条——真诚。

我们每个人在被别人欺骗的时候，都感到很生气，真诚不在的时候，就出现了虚伪和欺骗，当我们被骗的时候，心里肯定痛快不了。其实，从内心来说，我们都不希望遭到别人的欺骗，我们都希望人与人之间能够互相帮助。怎样才可以在生活中，多一些真诚，少一些欺骗和虚伪呢？

要想使我们生活的世界充满更多的真诚，首先，自己在跟别人交往的时候，不要无意地运用谎言和欺骗行为获得短时间的好处。

比如说，有的同学要跟朋友们出去玩，怕父母不同意，就撒谎要出去买书，这些都是不好的行为。再就是要知道自己保护自己，不要过于相信别人，不要轻信别人说的话。比如说大街上那些伸手要钱的人，都是一副可怜的样子，或许就有可能有些人能够自食其力却依靠向别人乞讨来生活。

有时，真诚和坦率容易使你受到伤害，但是不管怎样，你还是应该心怀真诚。因为出于真诚，即使有了过错，别人也会给予谅解和同情；而虚假与欺骗，得到的最终也只能是别人的鄙夷与不屑。作为中小学生，千万不要以虚假来对待虚假，更不要以虚假来对待真诚。

真诚是人与人交往时发自内心的渴望。真诚是每个人品德的试金石，只要用真诚的尺子来衡量，就知道一个人对待别人的友谊是什么样的。真诚，是人与人交往的基本要求。你若是付出真诚，你也会得到珍贵的友谊和别人的赞扬。如果你不以真诚来对待别人，别人就会离开你，去寻找另外的真诚。

任何时候，人们都希望保留心底的最后一片绿洲——真诚。没有真诚，人与人之间只有相互的利益和表面的客套，那么，人们心灵的空间就会越来越窄，人就会失去生命当中最宝贵的一部分。

人们呼唤真诚，渴望真诚。当然，更需要我们每个人自觉地去维护真诚，在与人交往时，自觉地付出真诚，把真诚作为自己与别人交往的基本准则。没有真诚，就没有真正的朋友；没有真诚，就没有真正的友谊和美满的人生。

在五彩缤纷的生活里，在错综复杂的社会里，人人都需要真城。真诚的心明亮如镜，真诚的生命鲜活充实。

真诚使集体洒满友爱与温馨的阳光，真诚让生活充满激情与快乐的浪花。

真诚不是智慧，但它却常常放射出智慧般的光芒。有许多凭智慧得不到的东西，靠真诚却能得到，因而有人说："在生活的舞台上不能靠演技，真诚才能打动每一位观众的心。"

以真诚对人，并不是为了别人也以真诚回报。如果动机是以自己的真诚换回别人的真诚，这本身已不够真诚，因为真诚是一种高尚的品德。从某种意义上说，渴望真诚，就是渴望信任、友谊、理解、尊重，就是渴望不再有虚伪、贪婪、狡诈、欺骗、冷酷等。

真诚如大海，它有时也会遭污染，但是，凭借自身的净化能力，它很快就会使污秽沉淀，仍旧不改自己光彩的容颜。

增强你的吸引力

在人际交往中我们发现有的人人缘特别好，会吸引朋友，讨人喜欢，即使是首次与人打交道，也能很快赢得对方的认同。这到底有什么秘诀呢？对于这样的人，也许你会认为他具有特别的亲和力，能把人吸引到他身边。事实确实如此。

人并非强迫他喜欢谁，他就喜欢谁。这要靠你的人际交往吸引力。

虽然有的人是我们当中最优秀的，但是我们不见得会愿意与他深交。理由只有一个：和他在一起觉得不自在。因为他所散发出来的优势气焰，让我们感到某种距离，感到某种压抑，感到自卑。不管这样的人如何杰出，大家也不愿与他交朋友，而只会对他敬而远之。

要想提高你的吸引力、亲和力，让你获得好人缘，就要充分利用好一般正常人所共同需要的几大基本渴望。

谁都希望和愿意接受自己的人相处。每个人都希望自己完完全全地被接受，希望能够轻轻松松地与人相处。在一般情况下和人相处时，很少有人敢于完完全全地暴露自己的一切。所以，若是有人能让你轻松自在、毫无拘束，你肯定会愿意和他在一起，也就是说，我们希望和能够接受我们的人在一起。

专门找人家错处而吹毛求疵的人，一定不是个好亲近的人。请不要设定标准叫别人的行动合乎自己的准则。请给对方一个自我的权利，即使对方有某些过分的地方也无妨。别要求对方完全符合自己的喜好，完全符合自己的要求。要让你身旁的人轻松自在一些。

能接受任性、粗暴的人，往往具有带动他人向上的巨大力量。一个原本脾气暴躁、动作粗鲁的人，在不知不觉中却变成了一个和善、可靠的人，问他原因，他回答说："我的太太信赖我。她从不责备我，只是一味地相信我，使我不好意思不改变。"

某位心理学家说："要改变一个任性或残暴的人，除了对他表示好意，让他自己改变之外，再也没有其他更好的方法了。"

很多出色的人，往往能影响本质善良的人，使他们更好。但是对于任性、粗暴的人，他们往往束手无策。为什么呢？因为优秀的那群人根本不能接受粗暴的人，甚至于避之如蛇蝎，在感情上并不相通，这怎么能使对方变好呢？

一位著名的精神科医生在谈到人际关系中的容纳问题时说道："如果大家都有容纳的雅量，那我们就失业了！精神病治疗的真谛，在于医生们找出病人的优点，接受它们，也让病人们自己接受自己。医生们静静地听患者的心声，他们不会以惊讶、反感的道德式的说教来批判。所以患者敢把自己的一切讲出来，包括他们自己能够感到羞耻的事与自己的缺点。当他觉得有人能容纳、接受他的，他就会接受自己、有勇气迈向美好的人生大道。"

人人都渴望获得承认。承认比容纳更深一层。我们容纳对方的缺点与短处，伸出热情的双手接受他们，这只是消极的做法。要积极找出对方的长处，不光是停留在接受忍耐对方的缺点上。人们都喜欢沐浴在承认的温馨之中，从这里也可发挥它的特性。

有这样一个故事：有一天，一位父亲带着自认为是无可救药的孩子到心理学家那里去，那个孩子已经被严重灌输了自己没有用的观念。刚开始，他一语不发，怎样询问、启发，他也决不开口。心理学家一时之间也真是无从着手。后来心理学家从他父亲所介绍的情况和所说的话里找到了医治的线索。他的父亲坚持说："这个孩子一点长处也没有，我看他是没指望，无可救药了！"

心理学家开始应用承认的方法，找他的长处，他认为孩子不可能没有任何长处。他最终找到了这个孩子喜欢雕刻，甚至可以说在这方面具有天赋，还颇有高手的意味。他家里的家具也被他刻伤，到处是刀痕，因而常常受到惩罚。心理学家买了一套雕刻工具送给他，还送他一块上等的木料，然后找人教给他正确的雕刻方法，不断地鼓励他："孩子，你是我所认识的人当中，最会雕刻的一位。"

从此以后，他们接触得频繁起来，在接触中，心理学家慢慢地找出其他事项来承认他。有一天，这个孩子竟然不用别人吩咐，自动打扫房间。这个举动使所有的人都吓了一跳。心理学家问他为什么这样做？孩子回答说：“我想让老师您高兴。”

人人都渴望得到他人的承认。要满足这项欲望并不难。你对一位电脑专家夸他眼光好，夸他善于看穿行情，洞悉电脑发展的趋势，他可能不以为然，觉得你不过是在拍他的马屁而已。因为他并非只以一个成功的电脑专家自居。不过，换一个角度，你夸他做的家常菜十分有味道，也许他会乐昏了头。

称赞人的规则是：“夸奖别人还没有显现出来的长处，才能使人快乐。”每一个人一定都拥有不大为人所知的优点。为什么我们不去发掘这些尚不为人所知的方面呢？

受人重视是每个人的愿望。所谓的重视，就是提高价值。我们都希望别人能够重视自己的价值，怕受人轻视。

为了表示我们对人家的重视，首先要注意做到不要怠慢人；其次对于不能立刻会面的拜访者，应尽早约他会面；再者时时感谢别人；最后要对人“特别”招待。每个人都认为自己是独特的个体，是个“特别”的人物，所以我们要注意这点，承认每个人的独特的价值。

理解是一缕精神阳光。日常生活中人与人交往难免会有不同见解，而不同的见解会使人与人之间言行举止有异，这些本是很正常的事情。如果多些理解，就不会因他人与己见不同而生出隔阂，进而产生矛盾。但是，实际生活中却往往少了许多理解，将他人与自己对事物的见解不同误认为是与自己过不去，小肚鸡肠地斤斤计较，没完没了地打“肚皮官司”，结果必然是使自己产生与他人的隔阂，渐渐由小至大，最终成为矛盾双方，水火不相容。只要不是原则性极强或大是大非问题，理解就应成为对不同见解的最好诠释。

有人这样说：“理解是一缕精神阳光，它可以照亮我们的心扉，敞开我们的胸怀，让我们在一生一世都感到温暖。”试想，人与人之间的不同见解存在，方使得我们这个世界有朝气，许多新生事物的诞生，正是由于在不同之中产生不同的结果。

退一步说，个人与他人的不同见解存在，也才会使得你从另一个角度思考问题。也许你固有的见解原本就是错的，不科学的。正是由于他人的不同见解使你反省，从而纠正自己错误的认识与观点，你才获得新的进步。

因此，正确对待不同见解，不仅不是理亏，反而是一种理智的态度。而要做到这点，所需要的就是“理解”，理解他人，理解环境，理解我们所处时代的方方面面。不固执，不偏激，不斤斤计较，更不要为小事而跟他人过不去，弄得自己心神不安，惹一肚子气。

要让“理解”成为一缕精神阳光，遇事要心平气和、要一分为二、要实事求是、要有宽人之量。即使是他人故意与你过不去，在一定时间内能够做到“忍让”才是勇敢者的表现。俗话说：“退一步风平浪静，忍一分海阔天空”，“宰相肚里能撑船”，这些都是很富哲理的。要形成一种严于律己、宽以待人的严谨作风，对待不同见解，首先冷静思考自己的认识是对是错，错则必改之，不固执己见。如果是对方错了，也不必过分争论，因为时间是衡量是非的最好尺子。随着时间的推移，人的思想是会转变的。

郑板桥有句名言即“难得糊涂”，这句话的内涵其实就是“贵在理解”，人们相聚在一起，因为年龄、文化水平、个人修养、脾气禀性、家庭与生活环境的不同，对一些事物的认识肯定有差距，这些都是正常现象，无须过分自扰，而应给予更多的理解。

其实，在理解他人的同时，不仅避免了不必要的冲突和矛盾，更是一种心灵上的自我释放、自我解脱。

不良交往的抑制

苏格拉底有句名言：“告诉我谁是你的朋友，我就能说出你是什么样的人。”这说明在社会生活中，交往朋友的重要性。近年来大量的事实说明，对违法犯罪青少年最直接的影响是交上坏朋友或是坠入了犯罪团伙。可见，不良的交往既是导致青少年犯罪的一个重要因素，又是违法犯罪青少年的一个重要心理特征。

1. 不良的人际交往是青少年违法犯罪的“中介变数”。青少年犯罪的原因是各种各样的，家庭、环境、学校、社会文化生活等多方面都同青少年犯罪相关，但是，在这些众多的相关因素中，并不是所有的因素都与青少年的犯罪直接有关，相反，许多的相关因素是通过一个“中介变数”而与青少年犯罪相联系的。例如，在家庭因素中，家庭不健全（包括父母双亡、父亡母嫁、母亡父娶、父母离婚、父母管理不当等）可能成为青少年学生走向犯罪道路的客观因素，但是，这些因素往往都是通过交不良朋友这一点起作用的。

2. 不良交往对青少年犯罪动机的形成有催化作用。首先，不良交往是形成青少年违法犯罪的直接动因。对大多数违法犯罪青少年的来说，开始并没有明显的犯罪动机，而是在社会交往中受坏朋友的影响、怂恿、引诱、激将而产生犯罪动机和参加违法犯罪活动的。这不仅说明青少年不成熟的特点，也说明不良交往对青少年走上犯罪道路有一定的影响。其次，不良交往还对青少年犯罪动机形成强化作用。这是因为青少年之间的不良交往活动能使他们增强安全感，减轻罪责感，有“法不治众”的侥幸心理，这就为其犯罪动机的形成起了催化作用。

3. 不良的交往扩大了青少年违法犯罪的危害性。这种危害性的扩大有两个方面的表现：导致违法犯罪青少年的人数增加；表现为作案情节、作案手段和后果变得更加复杂、严重。因为不良的交往是“交叉感染”，形成犯罪团伙，它促使一些人从单一性作案到多元性作案，导致许多恶性案件的发生。

4. 不良的交往加重了预防和矫治青少年违法犯罪的困难。对青少年违法犯罪现象，学校、家庭、社会采取了许多良好的防治措施，但是，这些措施常常受到不良交往的干扰。比如许多青少年由于受到良好的教育，曾经是家里的好孩子、学校中的三好学生，但由于不良的交往，经不起坏朋友的引诱，走上了违法犯罪道路；而一些犯过罪的青少年，经过公安部门的帮助教育，有悔改表现，想重新做人，但由于摆脱不了坏朋友的引诱、威胁，从而重蹈覆辙，成为惯犯。

可见，不良交往是预防和矫治青少年违法犯罪的一个重要障碍。在现实生活中，虽然不能把不良交往同违法犯罪等同起来，但对于青少年来说，由于不良交往而导致违法犯罪的现象的确很多，这一点必须引起家庭、学校、社会各方面的高度重视，多采取措施来防治青少年的不良交往。

要抑制青少年，尤其是中小学生的不良交往，需要从3个方面入手。

首先，抑制和消除社会环境和家庭环境中的消极因素。社会环境中的消极因素是造成青少年不良交往的重要条件之一。青少年既是社会的一员，他们的交往就不能不受社会其他成员的影响。

从我国目前的社会环境来看，还的确存在很多交往上的消极因素。一个值得注意的社会原因是待业现象的存在。中小学生失学，使其精神苦闷，强化了他们进行社会交往的意念，充裕的时间又为他们的社会交往创造了条件，他们易受坏人的拉拢腐蚀，从而形成不良的交往。由于不良交往这一社会现象具有长期性和复杂性的特点，由于社会消极环境因素的存在，使青少年的不良交往类似割青草，很难根除。可见社会消极因素对青少年不良交往的影响绝不能低估。

不正确的家庭教育对青少年的不良交往也有特殊的影响。家庭是社会的基本细胞，也是青少年开始交往的起点，家长则是他们的第一任教师。事实证明，青少年的不良交往同家庭教育的不当分不开。

1. 有些家长不重视子女的交往活动，对自己的孩子参加不良交往听之任之，致使青少年滑进不可救药的漩涡。

2. 有些家长对孩子的交往没有放任自流，而是严加约束，但往往方法不当，简单粗暴，采取棍棒教育方式，以为不打不成器，致使学生无法忍受，逃离家庭，浪迹社会，到“哥儿们”当中寻求温暖。这一现象也十分普遍。

3. 有些家长和孩子的观念差异大，思想不能沟通，甚至对立，孩子为摆脱困境而混迹于社会。处于这种情况下的青少年空虚幼稚，在十分复杂的社会环境中极易受骗或与一些有劣迹的青少年交往，走上邪路而不能自拔。

4. 有些家庭缺乏家庭温暖，从而促使孩子在不良交往中获得感情上的“满足”。

5. 有些家庭本身的不良交往影响着孩子的交往。俗话说：“上梁不正下梁歪”，家长的不良交往无疑会直接影响孩子的成长。从仿效成年人的不良交往开始，青少年会很快地形成自己的不良交往。

抑制和消除社会和家庭环境中的消极因素是极其重要的，因为青少年时期是他们辨别能力、控制能力、抵抗能力比较薄弱的时期，所以为了对未来负责，防治青少年的不良交往，就必须根除社会和家庭环境中的消极影响。

其次，要抑制中小学生的不良交往，还需要加强他们的集体主义教育。青少年不良交往的形成与学校教育的缺陷有很大关系。学校是青少年的第二家庭，是青少年学习知识、介入社会交往的中心。如果学校能够全面地关心每一个青少年，从而使他们参加良好的交往，就会减少形成不良交往的可能性。但事实上，我们当前的学校教育工作在集体培养和集体观念的形成上，还存在着一定的缺陷。

1. 不是全面贯彻党的教育方针，往往重智育轻德育，片面追求升学率，弱化思想教育，使以利己为目的、不择手段的不良交往频频发生，从而使学生走上犯罪道路。

2. 某些教师教育方法简单粗暴，通常表现在对学习成绩不好、纪律性差的学生，教师缺乏耐心的说服教育，惯于板起面孔训斥，甚至动用行政手段将学生撵出校门，使他们成为无书可读的“漂”在社会上的“流失生”。这些青少年的精神会更加空虚，思想更加苦闷，往往被坏人引诱，形成不良的交往，会很快走上犯罪道路。

3. 重点学校、尖子班的出现给学生的思想带来了一些副作用。片面追求升学率，只注意少数尖子生的培养，忽视对大多数学生的教育，使少数学生破罐破摔，不求上进，对抗教师，对抗集体，进而对抗社会。这种社会影响相当消极。

不良的交往与良好的交往是对立的矛盾，甚至是激烈斗争的。而每一个青少年绝无离开交往的例外，不是参加良好的交往，就是陷入不良的交往。由于学校教育的种种缺陷的存在，一部分青少年逐渐远离集体，对集体活动和正当交往不感兴趣。对自己的集体失去信任感，就使他们到集体外去寻求适合自己需要的新的交往对象，于是“物以类聚，人以群分”，不良的交往关系就形成了。这就要求青少年集体必须不让一个成员轻易离开，同时应该千方百计地把陷入不良交往的青少年挽救出来，使他们重新成为集体中的一员。

马卡连柯说过：“不管用什么劝说也做不到一个真正组织起来的自豪的集体所能做到的一切。”加强对青少年的国情教育和集体主义教育是十分必要的。一个好的集体具有明确的目标、坚强有力的核心和正确的舆论，它像一座熔炉，以它自身良好的作风习惯，把青少年团结在集体之中，通过集体主义教育培养青少年的集体荣誉感和责任感，发挥集体对其每个成员的影响作用，这样就必然会削弱不良交往。

最后，抑制中小学生的不良交往，还需要提高中小学生自身的认识能力，培养正确的价值观。

虽然社会环境的消极因素、学校教育的缺陷、家庭教育的薄弱无力对青少年的交往起着重要的甚至是决定性的作用，但是，为什么在同一社会条件下，有的青少年有着良好的交往，而有的却形成了不良的交往呢？这就要求我们来考察一下违法青少年的自身因素。

1. 青少年的心理特征是情绪强烈易冲动，情绪波动难以控制，独立意识增强，总想摆脱成人的管束，自我评价能力带有片面性和表面性，这种心理特征主要表现在交往之中，就决定了青少年交往的不可避免的局限性；交往易受感情左右，有时也带有盲目性；他们向往与同龄人交往，以此削弱对成人的交往，这就使交往带有偏激性和片面性。

心理不够成熟，在模仿、暗示等诱因刺激作用下，青少年很容易被不良的交往吸引住。同时，也由于自己不成熟，青少年已经形成的良好交往也并非是稳固不变的，它具有较大的可变性，在一定外界条件的影响下，良好的交往容易被不良的交往所代替。

2. 青少年自身的不良欲求是不良交往的基础。多数违法犯罪青少年都有些不良的欲求，如吸烟、赌博、说下流话以及偷窃等。这类欲求在集体中和良好的交往中是不能满足甚至遭到抑制批评的，于是他们在心理上就产生反感的情绪，在行为上表现为逐渐脱离集体，对集体活动不关心、不参加。

同时他们逐渐接近另一类团体，在这类团体中他们不良的欲求不但不受压抑，而且可以充分发泄，加上彼此影响，就使不良交往紧紧地吸引住他们。有些青少年开始只有某一方面的不良欲求，但是由于受不良交往小环境的影响，很快巩固并发展成多方面的不良欲求，形成难改的恶习。俗话说的“学坏容易学好难”就是这个道理。

3. 错误的价值观。他们的利己主义观，会对积极的集体活动产生反感和对立情绪，也会对不良的交往产生好感和向心力。这种错误的价值观的危害是极其严重的。

提高学生自身的认识能力和培养正确的价值观，能使学生在交往中具有选择的能力，增强自觉性，减少盲目性，同时能对不良影响进行有效的识别和抵制。事实证明：这是防治青少年不良交往的一个积极措施。

对于青少年的不良交往，全社会都应给予充分的重视，要求社会、学校、家庭紧密结合，亡羊补牢，引导青少年进行良好的交往。

社交技能的训练

社会交往能力并不是与生俱来的，它可以通过不断的训练来提高。广大的中小学生也不必因为自己在社交方面有所欠缺而烦恼。下面，我们就介绍一些训练社交技能的方法。

人际交往技能训练的内容主要包括3个方面：

1. 交流沟通技能，包括言语沟通和非言语沟通能力。前者又可以分为书面语言沟通能力和口语沟通能力。

而非言语沟通能力则包括两个方面：①运用无声的目光、表情动作、手势语言和身体运动等进行沟通的能力；②运用静态无声的身体姿势、空间距离和衣着打扮等进行沟通的能力。例如，倾听的技巧、幽默的技巧、移情的能力、交谈中“意译法”的运用、身体语言表达的技巧等等。

2. 人际认知技能。包括对自我、他人、交往情景的认知能力。对自我和他人的认知主要是指对个体外在行为、内部心理状态、人格特点等的客观、准确地了解和评价，它是提高交往的针对性和有效性的前提和基础。

此外，人际交往总是与特定情境（如时间、地点、场合、双方的交往程度等）相关联的，同一交往行为在不同的情境下可能会传递不同的含义，导致不同的效果，因此对情境的准确认知也是成功的人际交往所必备的能力。如何避免人际认知偏差（如前面所提到的首因效应、晕轮效应等）、怎样进行自我印象整饰以给他人留下良好的第一印象、如何进行积极的人际归因等等，这些都属于人际认知技能训练的重要内容。

3. 调控技能，即根据交往能力、交往对象、交往情境和交往规则选择最合适的交往策略的能力。例如，如何与陌生人交往、维持友情的技巧、批评的艺术、赞美的技巧、解决争执的技巧等。

下面，我们再介绍5个人际交往技能训练的心理学方面的技术。

1. 敏感性训练。

敏感性训练，又称T小组训练，是由美国心理学家勒温于1946年提出的一种团体训练方法，旨在让受训者学会怎样有效地交流，细心地倾听，以及了解自己和他人的感情。

训练团体通常由5~15人组成，并由一位有心理学知识的老师来担任组织者。具体训练程序为：将受训者集中到一起，要求每位成员不要有解决任何特殊问题的意图，也不要有力图控制其他人的意图，只需要人人赤诚相见，相互进行坦率的交谈，而且交谈的内容只限于“此时此地”发生的事情。

这种限定在狭窄范围里的自由讨论，逐渐使受训者陷入不安、厌烦的情绪当中，所谓“此时此地”的事情，实际上就是人们的这些心理状态和心理活动。随着这种交谈的进行，人们将更多地注意自己的内心活动，开始更多地倾听自己讲话。

同时，由于与他人赤诚坦率地交谈，也开始发现别人那些原来自己没有注意到的语言和行为上的差异。经过一段时间的训练后，人们会慢慢地发现自己的内心世界，发现平时不易察觉到的或者不愿意承认的不安和愤怒的情绪。另外，由于细心倾听了别人的交谈，也能够逐渐地设身处地地体察别人、理解别人。众多的实践都表明，敏感性训练是改善人际交往技能的一种有效方法。

2. 哑剧训练。

哑剧训练主要用于培养非言语沟通的技巧，提高人际敏感性。哑剧训练的方式可以有2种：

（1）观看哑剧：找一段没有字幕的电影或电视片（最好是经典的），关掉声音后观看，让学生根据演员的身体语言猜测剧情，并说出自己是依据哪些线索进行猜测的。如果猜不出来就重放一遍，直到猜出来为止。然后打开声音再看一遍，看看自己的猜测是否正确。

（2）表演哑剧：让一部分学生抽取字条，然后表演字条上的动作、表情、感受和事件，如“得知考试成绩不及格时”、“不耐烦地听另一个讲话”、“着急”等，表演完了之后，其他同学猜他表演的是什么。最后进行评比，看谁表演得最好，并指出好在哪些地方。

3. 空椅子技术。

空椅子技术要求同一个人扮演相冲突的双方，通过角色扮演与对话练习的方式来培养学生换位思考的能力，特别适合于矫正“自我中心”和解决交往冲突。该技术的具体操作方法是：

在一个安静的屋子里面对面地摆放两张空椅子。先让受训的同学在一张椅子坐下，假想同宿舍的另一位同学坐在另一张椅子上。想想并说出自己在睡觉别人却在大声喧哗时自己的感受。

然后让他坐到另一张椅子上，扮演宿舍的那位同学，想想并大声说出别人休息时自己不考虑他的感受大声喧哗，他又有何感受。

在这个过程中，时刻提醒这个同学：“如果我是他，会怎么样？”最后让他丢开所扮演的角色，从第三者的角度出发，冷静客观地分析冲突的原因和解决的办法。这种技术可以使个体充分体验冲突，有利于培养个体从他人角度思考问题的能力，从而消除其自我中心的倾向。

空椅子技术也可以用于师生关系和亲子关系的改善中，如引导学生学会站在父母的立场考虑问题，感受父母的爱和理解父母的行为；引导学生进行换位思考，认识到教师和自己一样也有丰富的情感，不能苛求教师像圣人一样超凡脱俗，处事完全公平，从而正确面对教师“亲疏不一”、“偏心”等现象。与此同时，也应引导学生反省自身的行为，思考教师为何不“偏心”自己，从而激发学生奋发向上。

4. 想象训练。

想象训练主要用于培养个体积极的自我暗示，矫正人际交往中的自卑心理。教师可以指导学生按以下步骤进行想象训练：

（1）确定要建立的良好的人际交往行为（如敢于拒绝别人不合理的要求）或形象（如一个受同学欢迎的人）。

（2）选择榜样。这个榜样应该具备个体想要建立的品质，可以是一个名人，也可以是周围的一个平常人。

（3）选好榜样后，读一些榜样的传记资料，或者和他多接触。有可能的话，找一张他的照片多看一看，争取对他尽可能地熟悉。

（4）每天选择一个不受打扰的时间，全身放松，想象榜样和自己身体融为一体。想象他的一张照片进入你的胸膛，然后扩大，直到自己身体一样大，而且逐步融为一体。

做的时候不需要做过多的思考，不需要刻意地学习和模仿。每天坚持练习 10～20 分钟，潜意识就会在不知不觉中全天候发挥作用，个体的行为会不知不觉地向榜样靠拢。这时不仅在自我暗示上，在某个行为上都会渐渐发生明显的变化。

5. 决断训练。

决断训练，又称肯定性训练、自信训练。它特别适合那些很难对他人说“不”字的人和不能表达自己愤怒或苦闷情感的人。具体步骤如下：

（1）明确要解决的问题。例如：某女生在很多场合都很难拒绝别人的要求。最近又发生了这样一件令她头疼的事情：星期五就要参加一个重要的考试了，而好朋友约她星期四晚上去参加生日聚会。她虽然说了要考试、复习之类的话，但总觉得不忍心拂了朋友的好意，就答应了下来，为此她很苦恼。“学会拒绝别人”就是这个女生在决断训练中要解决的问题。

（2）纠正不正确的认识，提高决断训练的动机。如这个女生很难说“不”的原因在于，她认为拒绝别人的邀请是一种不礼貌的行为，或认为那样做就显得自己太自私了。这时教师首先就要帮助她纠正这种不正确的认识，分析这样做的利弊，使她意识到自私的含义是只顾自己不顾别人的利益，而决断性行为并非不考虑他人的利益。决断性行为是在别人提出过分的或自己难以满足的要求时敢于说“不”。

（3）提供适当的行为以供学习者模仿。如，教师做出示范，怎样以不伤害对方感情的方式拒绝朋友的邀请。

（4）决断性行为的训练和灵活运用。在这个阶段，学生模仿示范行为（包括身体语言、视线接触、面部表情和言语表达等），教师对其模仿结果进行及时的反馈，然后让学生将习得的决断性行为运用到教师设置的新情景中。

人际交往技能训练除了可采用这些心理学技术外，还可以灵活运用角色扮演、游戏、小组讨论等方法，因为在其他章节这些内容已有所论述，此处不再重复。

要学会为人处世的策略和技巧

一定要明辨是非

所谓明辨是非的能力，是指以自己掌握的道德知识，对自己或他人的道德行为进行判断评价的能力。辨别是非的过程也就是进行道德判断的过程。

刚出生的孩子没有能力分辨是非曲直、善恶美丑，只有自幼对孩子灌输是非观念，孩子才会慢慢具备判断是非的能力。如果孩子缺乏这种能力，当他受到不良倾向的引诱时，就会走上犯罪的道路。中小学生一定要重视这种能力。

一个名叫秋男的日本孩子，在差一个星期就可以离开感化院时，和一位心理专家进行了谈话。专家问他在感化院待了一年多学到了什么？有没有好好反省？他的回答竟是："这一年我一直在反省，当初为什么会失手被逮住，结果发现是因为我找了一个笨手笨脚、没见过世面的共犯。这次出去以后，我一定要物色一个靠得住的伙伴，而且今天在这个城市作案，明天一定要换另一个城市下手，绝不在同一个地方连续作案。"

这居然是秋男经过一年感化院的"收获"。

秋男来自一个犯罪家族，父亲有 20 多次前科，母亲也有 10 多次前科，6 个哥哥也是前科累累。如果把他送回家，在那样的环境下根本不可能改过自新，所以，院方打算让他离开感化院后，住进更生保护会。不料，他只在那儿落了脚，没几天就溜了，而且从第二天起就伙同“靠得住”的共犯，在全国各地展开了“巡回盗窃之旅”。

秋男之所以如此冥顽不化，是有家庭教育背景的。3 岁那年的某个黄昏，他和父亲一起去散步。走着走着，突然发现前方有一只别人掉下的钱包，父亲立刻对他说：“秋男，去把钱包捡起来。”秋男移动短粗的小腿，摇摇晃晃地走向前去，抓起地上的钱包，交给父亲。

不凑巧的是，这一幕被一名警察看到了。警察把他们父子带到警察局，训斥了一个多小时，苦口婆心地对他父亲说：“你这个做父亲的不合格呀，你应该从小好好教育孩子啊。”

回家后，他父亲觉得，警察说得一点儿没错，应该从小就好好教育孩子。于是，他把秋男叫来，把自己的皮夹往前一扔，说：“来，秋男。你看，那儿掉了一个皮夹。当你在路上看到它时，眼睛千万不要发亮，也不要加快脚步走过去。记住，要若无其事地接近它，不落痕迹地把随身携带的手帕丢在它上面，然后在弯腰捡手帕时，顺便把它捡起来。这样才能神不知鬼不觉。听到了吗？”

父亲一面说一面做示范。就这样，秋男的父亲不仅没有从小禁止他偷窃，反而认真传授他各种偷窃技巧，使他的良知没有机会萌芽生长。所以，他四处作案，不以为耻，反而乐在其中。

在感化院，心理专家问秋男：“当老师教育你不要再偷东西时，你有什么感觉？”

秋男回答：“我觉得他们好像是张着嘴在吐气的金鱼，说了一堆我从来没有听过的神话。”

瞧，这就是一个父亲对他 3 岁孩子的教育，结果毁了孩子的一生。

这里所讲的是父母对孩子分辨是非能力培养的重要性，广大的中小学生要听父母的话，但是同时也要分辨父母和长辈的话是不是正确的。抛开父母的教育不谈，广大的中小学生该如何培养自己的明辨是非的能力呢？

1. 要树立明确的道德标准。广大的中小学生要有正确的道德标准，掌握衡量自己或别人行为的标准。尤其要以“八荣八耻”（以热爱祖国为荣，以危害祖国为耻；以服务人民为荣，以背离人民为耻；以崇尚科学为荣，以愚昧无知为耻；以辛勤劳动为荣，以好逸恶劳为耻；以团结互助为荣，以损人利己为耻；以诚实守信为荣，以见利忘义为耻；以遵纪守法为荣，以违法乱纪为耻；以艰苦奋斗为荣，以骄奢淫逸为耻）作为行为的指南。

2. 掌握好是非的界限。也就是要丰富孩子的道德知识，使他们对“是”和“非”把握得很准。广大的中小学生应积极丰富自己的道德知识，提高自己的道德知识水平。多看一些中华民族的传统美德、古今名人从小养成良好道德的故事，让自己在潜移默化中树立美丑观念，掌握正确的是非标准。

3. 应积极实践。中小学生，尤其是小学生的明辨是非能力是在同错误的斗争中发展的。因此，大家应该参加集体活动，尤其参加一些公益活动，如“献爱心活动”、“保护环境活动”、“尊老爱幼行动”等等，让自己不断地通过对照和比较，发展自己明辨是非的能力。

一定要学会倾听

西方有句名言：上帝分配给人两只耳朵，而只给人一张嘴，意思就是要人少讲多听。在人与人的交往中，学会倾听，不但能给予他人自信，使自己取得信赖、赢得友谊，也是了解别人的最好的方式。在别人的话语里，有鲜花、有荆棘、有废渣、有珍珠，有林林总总的一切。细心的倾听者，能从中听到财富。

英国作家萧伯纳是个很聪明、很健谈的人。少年时，他总是习惯于表现自己，无论到哪里都说个没完，而且出语尖刻。一次，他的一个朋友忠告他：“你说起话来真的很有趣，这固然不错，但大家总觉得，如果你不在场，他们会更快乐，因为他们都比不上你。有你在场，大家就只能听你一个人说话了。加上你的词锋锐利而尖刻，听得实在叫人刺耳，这么一来，朋友都将离你而去，这样会对你又有什么益处呢？”

朋友的提醒给了萧伯纳很深的触动，他从此立下誓言，决心改掉“自话自说”的习惯，这样，他重新赢得了朋友的欢迎和尊敬。

在沟通中，如果不耐心地去倾听别人的意见，甚至连对方的想法都难以掌握，怎么能谈得上与他人交流呢？

“听”是人们直接获得信息的最为重要的实践能力，人类的一切实践活动都离不开“听”，并且“听”与语言是同时产生的，一个人语言习惯和运用语言能力的提高，首先从“听”开始。有资料显示，“听”占人的语言活动的45%左右，几乎与“说”的活动总量相等。因此，培养自己为人处世的能力，就必须“乐听”、“善听”，学会倾听。

广大的中小学生要学会倾听，首先就要培养自己对声音的注意力。人长有两只耳朵，就时时刻刻都在听吗？不，既然有“熟视无睹”之说，就难免会有“熟听无闻”。

教育家乌申斯基说：“注意是一座门，凡是外界进入心灵的东西都要通过它。”据著名生理学家巴甫洛夫研究，人在集中注意力时，大脑皮层上就会产生“兴奋中心”，在同一时间内，只能有一个“最优势的兴奋中心”。所以只有唤起自己对声音的注意，集中注意力有意倾听，才能准确、有效地接受“听”的各种信息。

卡耐基说：“一双灵巧的耳朵，胜过10张能说会道的嘴巴。”要告诉孩子，声音真是世界上最奇妙的东西。风声、雨声、流水声、笛声、歌声、人语声……丰富多彩的声音，使大自然充满奇趣，使人与人得以沟通交往。如果没有声音，世界将会怎样？枯燥、死寂、可怕……难以想象。

其次，要用心倾听他人的话。一些同学在听他人讲话时要么心不在焉，要么目标转移，要么四处走动，这种行为使说话者受到伤害。说话者因此而不愿再讲，更不愿讲心里话。谈话不仅无法收到较好的效果，还会影响到双方的关系。

有的同学在家里受到父母的宠爱，经常在大人说话的时候插嘴，不能认真听别人说话。家长一定要端正对孩子的态度，孩子首先是一个独立的人，其次他是一个与大人平等的人，如果孩子养成了以自我为中心的不良习惯，要想让孩子倾听他人是不太可能的。因此，父母既要重视孩子的自尊心，也不能把孩子当成全家的中心，什么事情都围绕孩子转。应该让孩子懂得在听别人讲话时，要尊重他人，可以自然地坐着或者站着，眼睛看着说话的人，不要随便插嘴。安静地听别人把话说完，这是一种礼貌行为。

另外，学会如何提问。倾听他人，就是要给他人更多的说话时间。如果同学们能够掌握恰当的提问方式，可以帮助他把说的机会留给他人。

对于不认识的同学，在交谈的时候，两人往往会以提问的方式进行，但是怎样提问却是有讲究的。比如，有些同学会这样问："你是从外地转学来的吧？""你爸爸妈妈是做什么的？""你有兄弟姐妹吗？""你现在住在哪里呢？""我们两个交朋友好吗？"这种打破沙锅问到底的方式往往会让对方感到压抑，同时，这种提问往往三言两语就可以回答。

如果同学们换一种方式提问，把回答改成开放式的，那么，就可以引导他人畅所欲言。比如，"你是从什么地方转学过来的？""你们那里有没有好玩的地方？""你能不能谈谈你来这里后的所见所闻？"这样，对方就可能介绍一些提问者不太了解的事情。这种提问方式无疑是应该提倡的。

不过，广大的中小学生应该注意，在提问的时候一定要避免涉及对方隐私和敏感的话题。

提高社会适应性

美国《未来学家》2004 年 7 ~8 月发表戴维·皮尔斯·斯德写的《改变世界的五大趋势》一文，说文化现代化、经济全球化、通信网络化、交易透明化和社会适应性这 5 大趋势将深刻影响整个世界。社会适应性位居其中。

社会适应性是指人与社会相互作用时的心理承受水平以及自我调节能力。它包括人的气质、性格、应激能力等心理指标。

社会适应性对生活、学习和工作绩效的影响是比较直接而且明显的。例如，在智能指标基本相同的前提下，不同气质类型的人对待同一样工作表现出的活动方式和工作效果是不一样的。

应该说，每一个人的社会适应性都是针对某一特定环境而言，并且具有适应性强与弱的区别。在现代社会，社会适应性虽然不是选拔考核人才的重要指标，但是它在实际工作中又无时不在影响和制约着一个人对知识的运用、经验的积累和才能的发挥。

在特殊的情况下，它将起到比智能因素更为重要的作用。例如，在应激状态下，一个人的情绪稳定性和应变能力往往比智慧显得重要。事实上，对于从事工作的人才来说，导致其工作上的受挫或失败，因为适应、自我调节能力差者多；由于知识欠缺，经验不足者少。

因此，当代教育特别强调要真正把受教育者当做一个生命体、一个具有主观能动性的活生生的人来看待，立足于人的生命整体，强化美行雅止培养，使中小学生的知识、能力、体魄、内质、个性、创造性以及社会适应性都得到良好的发展。

当一个人面临新的问题时，通常采用“尝试”的方法，思维的灵活性能够使人在新问题面前机智地去寻找新的解决方法和途径，善于对问题进行变换转化。

灵活性主要表现在使个体能根据事物的变化，运用已有的经验灵活地进行思考，及时地改变原定的方案，不局限于过时或不妥的假设之中，因为客观世界时时处处在发展变化，所以它要求个体用变化、发展的眼光去认识、解决问题，“因地制宜”、“量体裁衣”是思维灵活性的表现。

培养灵活性思维通常通过由此及彼、正难则反、想象等方式。由此及彼是一种类似于联想的策略，它为思维从横向进行发散提供了一条途径。在具体问题中这个“此”可以是生活经验、物理现象和过程、物理模型、物理图像等等。正难则反的思维策略提供了思维发散的又一种途径——逆向思维。这种策略常具体体现在“时间反演”、“反证法”上。想象是人的思维中最活跃、最开放的一种思维形式，但想象如果没有以等效转化为基础就失去了科学性、有可能成为“猜想”、“胡思乱想”，我们提倡既保持了思维的活动力（大胆想象）又避免了思维的盲目性（避免了胡思乱想）。

成功的秘诀是“创造”，而创造要靠创造性思维。创造性思维是指用创造的理念、创造的方法解决问题时的思维。创造性思维的特点是思维形式的反常性，思维过程的辩证性，思维空间的开放性，思维成果的独创性，以及思维主体的能动性。

创新是与维持相对应的。维持是固守固定的见解、方法、规则以处理已知的和再发生的事情，它对于封闭的、固定不变的情形是必不可少的。创新是能够引起变化、更新、改组和形成一系列新的问题，它的主要特点是综合，适用于开放的环境和系统以及宽广的范围。创新是进行创造性的工作与学习。维持和创新的另一区别在于：维持所要解决的问题来源于科学权威或行政领导，其解决方案容易被公众理解和接受。对创新而言，问题解决本身比其被接受更重要，它们在与更大的社会环境整合中获得价值和意义。因此，创新的关键目标是在充足的时间内扩大观念的影响范围。从20世纪80年代以来，重视促进创造性人才的培养已成为社会的重要目标。

人的能力表现为广度、深度、正确性、独立性、灵活性、逻辑性等。如何有效地培养人的灵活性、适应性、创新能力呢？

有学者认为：要加强对比训练，培养思维的正确性，培养社会成员的思维活动符合逻辑、形成的概念正确、判断推理准确；要激发求异心理，培养思维的灵活性，让社会成员思维的出发点、方向、方法多种多样，想象广阔，能在适应多变的情境中借助已有知识，从不同角度去思考，通过思路发散，寻找多种方法，从中发现最佳解法；要引导迁移变通，培养思维的独创性，思维要具有创见，它不仅能揭示客观事物的本质特征和内部规律，而且能产生新颖的、从未有过的思维效果；要注重过程推理，培养思维的逻辑性，即以概念、判断、推理的形式来反映客观事物的运动规律，达到对事物本质特征和内在联系的认识过程。

克己忍让是美德

忍让者，忍耐也，谦让也。一般说来，社交过程中产生什么矛盾的话，双方可能都有责任，但作为当事人应该主动地“礼让三分”，多从自己方面找原因。

忍让，实际上也就是让时间、让事实来表白自己。这样可以摆脱相互之间无原则的纠缠和不必要的争吵。

歌德有一天到公园散步，迎面走来了一个曾经对他作品提过尖锐批评的批评家，这位批评家站在歌德面前高声喊道："我从来不给傻子让路！"歌德却答道："而我正相反！"一边说，一边满面笑容地让在一旁。

歌德的幽默避免了一场无谓的争吵，同时也可以消除自己的恼和怒。从某种意义上说，它既为自己摆脱尴尬难堪的局面，顺势下台，又显示出自己的心胸和气量。

忍让是一种美德。亲人的错怪，朋友的误解，讹传导致的轻信，流言制造的是非……此时生气无助雾散云消，恼怒不会春风化雨，而一时的忍让则能帮助恢复你应有的形象，得到公允的评价和赞美。

忍让不是懦弱可欺，相反，它更需要的是自信和坚忍的品格。古人讲"忍"字，至少有如下两层意思：其一是坚韧和顽强。晋朝朱伺说："两敌相对，惟当忍之；彼不能忍，我能忍，是以胜耳。"这里的忍，正是顽强精神的体现。其二是抑制。《荀子·儒效》："志忍私，然后能公；行忍惰性，然后能修。"被誉为"亘古男儿"的宋代爱国诗人陆游，胸怀"上马击狂胡，下马草战书"的报国壮志，也写下过"忍志常须作座铭"。这种忍耐，不正凝聚着他们顽强、坚韧的可贵品格吗？有谁说他们是懦弱可欺呢？

"小不忍则乱大谋"，此话没错，问题是看谋的是什么。成语"负荆请罪"的故事被传为千古美谈：蔺相如身为宰相，位高权重，而不与廉颇计较，处处礼让，何以如此？为国家社稷计也。"将相和"则全国团结；国无嫌隙，则敌必不敢乘。蔺相如的忍让，正是为了国家安定之"大谋"。

忍让是一种眼光和度量，能克己忍让的人，是深刻而有力量的，是雄才大略的表现。

适时独处益处多

独处是我们为人处世的一种特殊的方式。它尤其能够满足人们脱掉面具的渴望，同时也是一个小小的避风港。当大家觉得累了的时候，觉得茫然不知所措的时候，一个人独处一段时间，稍微喘一口气，稳定一下情绪，讲清楚事情的来龙去脉，轻重缓急，然后做出一个客观的判断，制定一个明智的对策，这样你会感到有信心、充实。人都有合群的需要，同时也有独立支配自己，不受团体约束的需要。

每个人都生活在一定的人际关系中，遇到不如意的事情是常事，最积极的办法就是自我心理调节，所以独处就是人生航程中的避风港，当大家感到疲乏、迷惑、痛苦时，就在这里缓一缓，平复一下自己的心理，然后再以新的姿态重新投入。从这个意义上讲，独处并不意味着软弱和消极地在人群中退缩，它是一种自我修复的机制，是一种自我认识的机制。

有一位刚刚退休的妇女，很是不幸，意外事故夺去了她丈夫的生命。这个打击来得太突然太沉重了，她与丈夫的感情很好，丈夫就是她的支柱，平时家中一般事情都由丈夫做主，对丈夫的依靠在她说来已经习惯成自然了。

面对这样残酷的现实，她首先选择了与丈夫同去的道路，幸亏发现得早，她才又获得了一次生的机会。当她清醒过来以后，看见病床前独生子面容憔悴，多日未修整的长发、胡须，使他的脸显得更加消瘦、苍白；怀孕7个月的儿媳妇两眼已经哭肿，双手还在不停地揉着她那条因输液而酸麻的胳膊。她看着眼前这两个可怜的孩子，尤其是听到儿子乞求般地说："我们刚失去爸爸，不能再失去妈妈呀!"

她的心被震动了，她再一次闭上眼睛，泪水顺着眼角的皱纹流了下来。几天来不少同事、朋友、亲戚来看她、劝她、安慰她，她很感激他们，但又总希望探视的时间早点结束，好让她有更多的时间去追忆过去的往事，去想自己的痛苦，去考虑以后的生活……

她体会到有些事情谁也帮不了忙，只有自己内心对白，只有自己给自己出主意，自己分析自己，调整自己，不论多么亲、多么近的人，同自己也是隔着那么一层说不清的东西。

她回想着自己同丈夫从相识到恋爱、结婚这30年来的生活，发现好像这时才真正认识了自己，才感觉到自己存在的价值，才清楚地认识到自己的位置。一个多星期后，儿子和媳妇的一个月假期已经结束了，小两口同她告别，准备赴千里之外的工作岗位的时候，已经感觉到她眼中的那自信、刚毅的目光。

人通常如此，在受到较大的刺激以后，独自一人认认真真地反思自己，就会蓦然发现真正的自我，于是他就用新的眼光来重新认识自己、评价自己、接纳自己、平衡自己的心理，建立一个属于自己的心理空间，然后再去面对生活。

在我们的生活中还有不少这样的事情，人们在独处的时候能够发挥出潜在的能力。比如哲学家的精神体验、诗人的灵感，科学家的发明、禅师的顿悟等，大都是在独处时获得的。独处时由于没有外界的干扰，精神专一，心智澄明，日常经验的积累和业已完成的多层次、多角度的思考，被充分地调动和有机地组织起来，一个偶然的刺激就会把潜能激发出来，于是便有了发现、突破和奇迹。

独处，对于我们为人处世、建立良好的人际关系、找到自己的位置、自我修复、自我认识和激发潜能颇有益处。

应谨记不卑不亢

不卑不亢，从根本上讲就是平等待人，在比自己强的人面前，不要畏缩；在比自己弱的人面前，不要骄纵。地位有高低，学问有深浅，但所有的人，人格都是平等的。

宋人《艾子杂说》中有这样一则寓言：一天，龙王与青蛙在海滨相遇，他们寒暄一番后，青蛙问龙王："大王，你的住处是什么样的？"

龙王说："珍珠砌筑的宫殿，贝壳筑成的阙楼；屋檐华丽又气派，厅柱坚实又漂亮。"

龙王说完，问青蛙："你呢？你的住处如何？"

青蛙说："我的住处绿藓似毡，娇草如茵，清泉沃沃，白石映天。"

说完，青蛙又向龙王提了一个问题："大王，你高兴时如何？发怒时又怎样？"

龙王说："我若高兴，就普降甘露，让大地滋润，使五谷丰登；若发怒，则先吹风暴，再发霹雳，继而打闪放电，叫千里以内寸草不留。那么，你呢？青蛙？"

青蛙说："我高兴时，就面对清风朗月，呱呱叫上一通；发怒时，先瞪瞪眼，再鼓肚皮，最后气消肚瘪，万事了结。"

青蛙在龙王面前表现了充分的自信，龙宫固然美丽，我青蛙的居所也别具一格，可谓不卑不亢。只有心智健全的人，才可以切实地做到这一点。人是需要彼此尊重的。但在现实生活中，却常有人不惜降低自己的尊严，去逢迎在某些方面比自己强的人，哪怕被逢迎者对自己傲慢无礼。这种"卑己而尊人"的做法委实不妥！

俄国作家契诃夫写过一个小公务员的故事：一个小公务员疑心自己打了一个喷嚏溅到上司身上，他多次解释，使本来并不在意的上司大为恼火，遭到责骂，小公务员又惊又怕，终于死去。这是艺术的夸张，也是当时俄国社会的写照。

小公务员不是死于生理疾病，而是死于一种病态人格。一个人只要不是情操低下、行为卑劣兼酒囊饭袋，那就无论其地位高低、能力大小，各种条件好坏，都应有充分的自信而不应自感低人一等，这种平等观念是人际交往中所应具备的态度和风度。

世界名著《简·爱》中男主人公对女主人公说过这样一句话："我有权蔑视你！"男主人公罗彻斯特身为庄园主，财大气粗。他在既地位低下又其貌不扬的简·爱面前，有一种很"自然"的优越感。

一般人遇上这情景，自卑感可能会油然而生。但有着坚强个性，又渴望平等的简·爱却寸步不让地反唇相讥，坚决地维护了自己的尊严。一个弱女何以有这样的勇气？且听她后来向罗彻斯特所说的一番话："你以为我穷、不好看就没有自尊吗？不！我们在精神上是平等的！正像你和我最终将通过坟墓平等地站在上帝面前。"这番话给罗彻斯特以强烈的震撼，并使他对简·爱产生了由衷的敬佩。正是女主人公自尊自爱的精神，使得《简·爱》这本小说经久不衰。

所以，在人际交往中，我们不要忘了鲁迅先生说过的一句话："不要把自己看成别人的阿斗，也不要把别人看成自己的阿斗！”

从容自若应变化

在社会竞争中，经常会遇到意外的变化和打击。在变化面前，是惊慌失措、鲁莽决策，还是从容自若、随机应变，反映出人们不同的品格和修养。

楚汉相争的时候，有一次刘邦和项羽在两军阵前对话。刘邦历数项羽的罪过。项羽大怒，命令暗中潜伏的弓弩手几千人一齐向刘邦放箭，一支箭正好射中刘邦的胸口，伤势沉重，痛得他伏下身来。主将受伤，群龙无首，若楚军乘人心浮动发起进攻，汉军必然全军溃败。

猛然间，刘邦突然镇静起来，他巧施妙计：他马上用手扪住自己的脚，喊道：“碰巧被你们射中了！幸好伤在脚趾，没有重伤。”军士听了，顿时稳定下来，终于抵住了楚军的进攻。

从人的心理上讲，遇到突然事件，每个人都难免产生一种惊慌的情绪。问题是怎样想办法控制。控制情绪的根本办法，应养成稳如泰山、临危不乱的行为风范，杜绝一有风吹草动，马上举止失度的毛病。但这种能力的培养，并非一朝一夕所能奏效，必须从小事做起，长期坚持不懈。

遇变不惊讲的是控制情绪、控制局势，但要反败为胜，则要善于随机应变。一步三摇，循规蹈矩，不思变通的人是不会成为优秀的竞争者的。日本企业家总结的企业经营窍门有 8 个字值得记取，这就是：变化、机会、挑战、竞争，不无教益。

20 世纪 60 年代初，美国吉列公司的剃须刀片在海内外占据统治地位。可后来，威尔金逊公司的“不锈钢刀片”由于美观耐用，迅速占领英国市场，并扑向美国市场。吉列公司陷入内忧外患的境地。“吉列刀片”的市场占有率降低了 35%。

这时，吉列公司总经理靳克勒宣布采取随机应变的策略，开始“反席卷战”！

首先，采取“市场追踪”对策，推出新的“超级不锈钢刀片”，以在市场上形成新的特色和优势。紧接着，又推出自动安全刮须刀，在市场上大受欢迎，成为吉列的新名牌。

在此基础上，靳克勒采取“转进策略”，推出“喷射式罐装刮须霜”，开发“男性化妆品”系列产品。“刮须霜”受到每天为刮须后面部皮肤不适烦恼的男子们的欢迎。当年营业额就高达 3 千万美元。吉列不仅成为刀片的代名词，而且成为“男性化妆品”的代号。

随机应变的战略使吉列公司扭转了败局，牢牢控制了市场，以致他们能自豪地说：“只要世界上的男士继续长胡子，吉列公司的王座就固若金汤!”

执著追求方能胜

勇敢，强者之精魂。披坚执锐，横刀立马，驰骋沙场，勇者胜，怯者败，自古皆然。科学的桂冠当属于敢冒风险、勇于竞争的攀登者；爱的甜蜜，同样只属于勇敢追求的人。

有一位就要做新娘的少女，给她曾深深爱过的人写下这样一封信：“明天，我就要做新娘了。今夜，是少女最难忘最珍贵的时刻，一轮明月静静地挂在树梢上，朗朗的月光照在书桌上——那一个长长的梦。几年来，我不曾忘记你，有时竟十分强烈地怀念起你来，我渴望告诉你——我深深地爱过你……看完这封信，你不要耻笑，因为那是少女初恋时悄悄滋润的爱的小苗；你也不要流泪，那样我会感到内疚……我将用我的长发将泪珠串起来，搁在我心灵最纯净的地方，关闭起来……”

痴情女啊，当初你为何不发出这封信呢？既然爱，就不用害羞，也不要怕担“风险”。

具有“天下第一嫂”美称的电影演员王馥荔有一个幸福美满的家庭，

不过，关于她的爱情说来还有点风险呢！那是 1974 年，由于拍《霜天湖》而与从前线话剧团借来的演员王群相处 1 个月，彼此之间有了感情，其实两个人心中都知道。但是，王馥荔想，我不能先开口呀！她等他。哪知道，王群也是一直不吭声。过了 1 年之后，有人开始向他俩分别介绍朋友了，王馥荔这才急起来，终于鼓起勇气去找那个“死鬼”，提出了跟他结婚。——好险！再含蓄一点，这事就很难预料了。

一位雅号“傲慢公主”的女大学生，本来被她的同窗，一位农民的儿子的朴实、才气、温和以及男子汉的威严气质所深深吸引，但她撕不破“傲慢”的面纱，以致到了应做母亲的年龄，仍旧孑然一身。

遗憾啊！那些相互倾慕而又羞于启齿，那些缺少勇气放弃追求，那些在爱的门外徘徊良久而错失良机的大男大女！

传说中的神秘岛，要用勇气去开辟航道；伊甸园中美丽的禁果，要用勇气去品尝；那无形的门扉要用勇气去敲开。有位德国青年说得好，如果我自己绝对地相信一个人，同时又十分地爱慕这个人，那么，我认为，这就是我的爱情。我会毫不害羞地鼓足勇气向她开门见山地倾诉自己的衷肠，大胆吐露对她的爱慕之心，并且毫不犹豫地去爱她。

生活需要谨慎、稳重、含蓄，爱情需要内向、羞涩、慎重，但过分地讲究“千呼万唤”、“欲说还休”，恐怕到了真弹起琵琶的时候，听琴人早已远去杳杳……

当然，敢冒风险，勇于竞争绝不是轻浮。勇敢绝不是盲目，绝不是像唐·吉诃德还没有搞清对象就执着长矛骑士般地冲过去。勇敢应建立在爱的基础上，建立在长期观察并“情动于中”的基础上，建立在认定这是自己终生追求的目标的基础之上。

对隐私守口如瓶

一个人总有些纯属于个人私事的东西，这些“隐私”，知道的范围不能太广，有的就只能在自己与挚友之间“你知、我知”。

当人们遇到有些“伤心事”，譬如涉及家庭纠纷、生理缺陷、个人恩怨之类，这些个人的隐私，一个人闷在心中实在难耐，也无济于事。于是，一般都会向自己的知心好友倾吐，目的就是为了赢得朋友的同情、爱怜，及时帮助自己出点子、想办法。

如果把朋友告诉的“悄悄话”公之于众，可能会引起不少人的风言风语，甚至歪曲事情真相，不仅不利于解决问题，相反还会把事情搞糟。而且，朋友把自己的“隐私”告诉了你，即使没有叫你保密，也表明了他对你的极度信任。对此你只有为他分忧解愁的义务，而没有把这种“隐私”张扬出去的权利。如果张扬出去，势必会失去朋友的信任，以后人家就再也不敢也不愿把自己的事情告诉于你了。如果是无意间的“泄密”，还情有可原，认真向朋友作说明，取得朋友的谅解就可以了；假使故意张扬，以充当“小广播”为能事，那就可以说是不道德了。

在朋友纠纷中，因流言蜚语而生的矛盾占有相当比例。按内容划分，大体分两类：一是猜疑型，譬如看到某男某女来往密切，便断定人家关系不正当，看到某某去谁家门口多站了一会儿，便断定人家是“侦探”等等。自己捕风捉影不算，还往往忍不住找别人咬耳朵去。二是传播型，譬如看到谁对妻子恭敬一点，马上到处张扬，送他个绰号“妻管严”；听到谁过去的一段闲闻逸事，也当做故事题材，讲得天花乱坠。

古人深知飞短流长的危害，所以给我们留下了许多训条：“良言一句三冬暖，恶语伤人六月寒。”“未见真，勿轻言。”等等。

马克思住在巴黎的时候，诗人海涅经常到马克思家做客，他们之间的友谊是深厚的，正像马克思自己说的，两人达到了“只要半句就能互相了解”的地步。

海涅的思想在当时是相当进步的，他写下了一篇一篇战斗诗篇，夜晚，就到马克思家来朗诵自己的新作。马克思和燕妮就一起为他加工、修改、润色，但马克思从不在别人面前“泄露天机”，直到海涅的诗作在报章上发表为止。海涅称马克思是“最能保密的”朋友。正因此，他们的友谊为世人所羡慕、所称颂。

只有为朋友、同志保密，“守口如瓶”，才能得到朋友、同志的信赖，友谊才能不断加深。反之，如果不把“保密”作为一种义务、一种责任，而热衷于流言蜚语，不但失去朋友，甚至会失去周围同事对你的信赖，最终可能成为孤家寡人。

做人应豁达大度

佛界有一副名联：“大度能容，容天下难容之事；开怀一笑，笑世间可笑之人。”古人还常说：“将军额上能跑马，宰相肚里可撑船”，这些话无非是强调为人处世要豁达大度。

在社交过程中，度量直接影响到了人与人之间的关系是否能协调发展。人与人之间经常会发生矛盾，有的是由于认识水平的不同，有的是因为一时的误解造成的。我们如果能够有较大的度量，以谅解的态度去对待别人，这样就可能会赢得时间，使矛盾得到缓和。反之，如果度量不大，那即使为了丁点大的小事，相互之间也会争争吵吵、斤斤计较，结果伤害了感情，影响了友谊。

偏见常常会使一方伤害另一方，如果另一方耿耿于怀，那关系就融洽不了。而如果受损害的一方有很大的度量，从大局出发，那会使原先持偏见者感情上受到震动，导致他改变偏见，正确待人。

话剧《陈毅出山》里有这样一段描写：1937 年，抗日战争开始，陈毅同志为了贯彻落实党的统一战线政策，冒着危险去同国民党谈判。可是被敌人长期围困深山的游击队韩山河，却误认为陈毅“勾结”敌伪，是个叛徒。因此，当陈毅千方百计找到游击队，要他们同国民党部队共同抗日时，韩山河却把他捆了起来，并要枪毙他。在这种情况下，陈毅仍然以大局为重，耐心说服韩山河。后来，陈毅并未因此记私仇，而是对韩山河更加信任了。陶铸同志生前有两句诗：“如烟往事俱忘却，心底无私天地宽。”这就是一个无产阶级革命者度量的真实写照。

郭沫若也是一个大度之人。他和鲁迅先生之间“曾用笔墨相讥”，但在鲁迅逝世后，他却不像有人那样趁“公已无言”时前来“鞭尸”，而是挺身而出捍卫鲁迅精神。同时，他对以前“偶尔的闹孩子脾气和拌嘴”，还“深深地自责”，表示说：“鲁迅先生生前骂了我一辈子，鲁迅死后，我却要恭维他一辈子。”其情可敬，其辞可感！历览古今中外，大凡胸怀大志、目光高远的仁人志士，无不大度为怀，置区区小私于不顾；相反，鼠肚鸡肠、片言只语也耿耿于怀的人，没有一个成就了大事业，没有一个是有出息的人。

说说要“豁达大度”是容易的，而真正做到有度量则难。这就要求我们，在社交活动中，必须抑制个人的私欲，不在社交场上为一己之利去斗、去夺，甚至与他人闹得面红耳赤，也不能为了炫耀自己，而贬低他人。

要做到豁达大度，就要有一种看透一切的胸怀，要把一切都看做“没什么”！在慌乱时，说声“没什么”，你会沉静下来，从容自如；忧愁时，说声“没什么”，你能得到安慰，增添几许欢乐；艰难时，说声“没什么”，你会鼓起勇气，顽强拼搏；得意时，说声“没什么”，你会自省自责，言行如常；胜利时，说声“没什么”，你才能不醉不昏，有新的突破！

“没什么”，不正表现了人生经历和智慧的优越感吗？只有如此放得开的人，才可能是豁达大度的人。

要懂得委婉相劝

在你的生活中，有时候需要迅速而有效地去改变另一个人的行为或想法。碰到这种情形，你必须采取尊重别人的审慎的方式。

但是，在现实生活中，有的人批评人，似乎“得理不让人”，气势汹汹，这实在于事无补。

一位母亲注意到女儿没收拾好房间跑到院子里和邻居小孩玩，于是大吼道："你马上给我滚回来！你的房间那么脏，回来整理干净！"

这位母亲有没有想到她刚才对女儿言辞粗鲁？有没有想到她当着别的小朋友的面侮辱了女儿？这样，女儿满怀愤怒地回来，同时也学到了粗鲁骂人的恶习。

如果这位母亲能换一种方式——委婉相劝的方式教诲她的女儿，那么她的孩子就会感激母亲没有当朋友的面侮辱，同时女儿从中也学到了委婉的态度。

所以，批评人应注意3点。

1. 要懂得如何从正面称赞入手。

当我们听到别人对我们的某些长处表示赞赏之后，再听到他的批评，心里往往会好受些，也容易接受对方的意见。

有一回，美国总统柯立芝批评了女秘书。柯立芝总统是这么说的："你今天穿的这件衣服很漂亮，你真是一位迷人的小姐。不过，另一方面，我希望你以后对标点符号稍加注意一点，让你打的文件跟你的衣服一样漂亮。"

2. 要懂得得间接地提醒别人的错误。

查尔斯·史考勃有一次经过他的钢铁厂，当时是中午休息时间，他看到几个人正在抽烟，而在他们的头上，正好有一块大招牌，上面清清楚楚地写着"严禁吸烟"。如果史考勃指着那块牌子对他们说："难道你们都是文盲吗?!"这样只会招致工人对他的憎恨。然而，史考勃没有那么做。相反，他朝那些人走过去，友好地递给他们几根雪茄，说："诸位，如果你们能到外面抽掉这些雪茄，那我真是感激不尽了。"吸烟的人这时会怎么想呢？他们立刻知道自己违犯了一项规则，于是，便一个个把烟头掐灭；同时对史考勃产生了好感和尊敬之情。因为史考勃没有简单地斥责他们，而是使用了充满人情味的方式，使别人乐于接受的批评。这样的人，谁不乐于和他共事呢？

3. 要善于保住别人的面子。

如果批评一个人的时候，无情地剥掉了别人的面子，伤害了他的自尊心，这样很容易抹杀了你与别人之间原有的也许是很深厚的感情，这样的话，你将得不偿失。

世界上任何一位真正伟大的人，他们都善于保住失败者的面子，决不浪费时间陶醉于个人的胜利。

1922 年，土耳其在同希腊人经过几个世纪的敌对之后，下决心把希腊人逐出土耳其领土。土耳其最终获胜。当希腊的迪利科皮斯和迪欧尼斯两位将领前往土耳其总部投降时，土耳其士兵对他们大声辱骂。但土耳其的总指挥凯墨尔却丝毫没有显现出胜利的骄傲。他握住他们的手说："请坐，两位先生，你们一定走累了。"他以军人对待军人的口气接着说："两位先生，战争中有许多偶然情况。有时，最优秀的军人也会打败仗。"所以说，有时"有理也让人"不失为一种成功的处世方式。

吃亏未必不是福

一辈子不吃亏的人是没有的。问题在于我们如何看待"吃亏"。吃亏包含有两层含义，一是生活本来需要我们去"吃亏"；二是因为人为的不公平强加给我们的"吃亏"。

第一种吃亏也可以说是一种"傻子精神"，实际上，这种"傻子精神"是为了对社会的责任、对人生的热忱而体现出来的奉献精神。

有一个 16 岁的美国姑娘，自愿到洪都拉斯去帮助当地人，使他们了解眼睛卫生的常识，以提高健康水平。洪都拉斯非常脏，以致这个女孩子一觉醒来，竟发现自己与一头猪睡在一起。不久，她回来向母亲介绍了那里的情况，眉飞色舞地说，明年她还要去，因为那地方太贫穷落后了，去帮助那里的人是非常有意义的。

她母亲立刻鼓励她再去。也许有人会想：去那么苦的地方，不是太吃亏了吗？但是，那位美国母亲却夸奖她的女儿，认为她的女儿有见解、有爱心，她为女儿乐于吃苦、富于奉献的精神而感到骄傲。

在我们中国，如此乐于吃亏的傻子真是不计其数。比如：光学家蒋筑英把分配给自己的一套房子让给他人；工程师罗健夫让出调资指标，要求不给自己调资……正如《爱的奉献》一歌所唱得那样："只要人人都献出一点爱，世界将变成美好的人间。"

人际关系中，无法做到绝对公平的，总是要有人承受不公平，要吃亏。倘若人们强求世上任何事物都公平合理，那么，所有生物连一天都无法生存——鸟儿就不能吃虫子，虫子就不能吃树叶，世界就得照顾万物各自的利益。既然吃亏有时是无法避免的，那何必要去计较不休、自我折磨呢？

事实上，人与人之间总是有所不同的。别人的境遇如果比你好，那无论如何怎样抱怨也无济于事。最明智的态度就是避免提及别人，避免与人比较这、比较那。而你应该将注意力放在自己身上，"他能做，我也可以做"，以这种宽容的姿态去看待所谓的"不公平"，你就会有一种好的心境，好心境也是生产力，是创造未来的一个重要保证。

将要取之，必先予之，这也是一种高明的处世方法。大凡当领导的，都喜欢办事得力、不斤斤计较个人得失的部下。阳刚之气过盛的领导更不喜欢斤斤计较个人得失的部下。要取得他的信任，首先你自己要付出巨大的努力。

凡是领导交给你的工作都要尽最大力量去完成，争取每一件事都做得漂漂亮亮。对待个人利益一定要以大局为重，不去斤斤计较。遇到一些非原则性的小事，尽管自己觉得委屈，也不要去招惹你的上司，以免同他产生对立情绪。这样，就会让他觉得，他欠你的太多，在需要的时候，他必然首先想到你。常言说"吃亏是福"，就是这个道理。

抉择时从善如流

生活常常把人推到十字路口，非南即北，非东即西。于是，人们不得不果断地判断，果敢地抉择——或非此即彼，或多元并存，或全盘否定，或部分扬弃，或勇往直前，或打道回府……

抉择，无处不在：选衣服，选妻子，选朋友，选工作，选领导，选导师，选时机，选环境……人人在选择，人人被选择。交际的过程，就是一种选择的过程，就是一种把选择付诸实践的过程。如果把决策学引进到生活中，那么可以说，选择是为了“两害相权取其轻，两利相权取其重”，满负荷地开发由交际而产生的智慧和财富，提高单位时间内交际的效率，达到价值取向的优化。选择，就是择最佳、择优秀、择良善。

西方现代政治生活中选择总统是最大的择善。尽管竞选中要耗费大量资财，但遴选一位公民认可的优秀领袖，将会给社会带来更多的财富。正因如此，西方各国乐此不疲，甚至愈演愈烈，出价也越来越高。

公开招聘，在平等基础上竞争，实质就是择善。香港小姐选美，也是一种择善，即择取公众确认的美。社交中“择邻更需亲邻”、“敬重与效仿强者”、“爱情应该更新”……都是在择善。

日本东映社长之子冈田裕介之所至今保持独身生活，是因为他热爱着影星吉永小百合，尽管他和那些漂亮的女影星来往，而真正深切、持久地恋爱的对象只是吉永一人。选择终身伴侣，不能说不是个人生活中重要的择善之一。

“择明主而事”、“非梧桐不栖”式的选择，自然是倾向于善。一般说，善于恶、美与丑、真与假、是与非、有价值与无价值，就认识辨别的程度而言是容易的。真正的困境是在善与善、美与美、真与真、是与是以及两个有价值之间进行非此即彼的选择。

“江山”与“美人”之间只能选择一个，“鱼”与“熊掌”二者不可兼得。相对于个人来说，有的善是“一元”的，有的善是“多元”的，可以“一元”否定“多元”，也不能以“多元”诋毁“一元”。

在善与善之间，或者取一舍其他，或者都取，或者取一部分舍一部分，择善，要根据具体情况而论。

当然，钟子期何止一人！交际可以更广泛，人生可以多得而交，多得良师。在某些方面，多元并存的择善是不允许的。

美国福特汽车公司可谓择善的典型。该公司每年都要从各个大学选用一名毕业生，假如牛顿与爱因斯坦在一所学校，并同年毕业，也只能在其中选取一位。这种严格的择善，增强了福特公司的生机。

选择的过程是一个痛苦而快乐的过程，忍痛割爱得到的将是更多的欢乐。择善是负重的艰难起飞。事实上，人世间，从善如流，就是要人们择其善者而从之，择其不善者而弃之。

应学会以物表意

馈赠，是社会生活中常见的现象。礼品成为人们表达心意的特有方式，发于情而献之于礼。赠予的是亲切和友谊。礼品是生活的兴奋剂，是一定的精神与情感的依托物；生活中少了礼品顿觉黯然失色。馈赠礼品之所以有交际功能，是因为它虽是以物的形式出现，但它更多地体现了“精神价值”、“感情价值”。

要选择一件符合心意的礼品，并不是一种容易的事情，往往需要花一番心思，下一番工夫。有这样一个例子：捷克驻华商业处马尔兹拉小姐要结婚，给曾在一起工作过的一位中国电气工程师发出邀请，请他到北京参加她的婚礼。

工程师接到请柬十分高兴，他考虑送什么礼品使人家乐意接受；礼品要大方，但不能太重，礼重了，人家得回礼。于是他跑遍了所在市的商店，但没有买到一件符合上述要求的礼物，后经过反复思考，精心构思，他发挥自己的特长，作了一幅画，上面画了一株梅花，两只喜鹊和两只红桃。这些东西在中国都是吉祥物：梅花象征坚强勇敢，两只喜鹊比喻喜庆、和睦与幸福，而两只红桃表示两颗红心，心心相印，白头偕老。

当这幅画出现在婚礼上时，马尔兹拉小姐非常高兴。喜爱中国文化的她，深领工程师的心意，把这幅赠画当成无价之宝，高悬于厅堂，来宾无不赞赏。礼品的作用大小，并不在于物品本身值多少钱、是否贵重，而在于它的精神意义如何。一般说来，赠品所包含的赠者的情感越多，它的价值就越高，作用就越大。

20 世纪 30 年代，斯诺在陕北拍了一张毛泽东戴八角帽的照片。后来，毛泽东便将这顶八角帽送给斯诺留作纪念。礼物虽小，意义颇深。斯诺把这顶八角帽作为珍贵的纪念品，一直带在身边，直到他去世前不久才通过他的夫人转送给我国。这顶八角帽如今已成为中美两国人民悠久友谊的历史见证，它的意义是不同凡响的。

赠送礼品最好能把自己意向和友好情感隐喻其中，使之耐人寻味，得后而思，领略良苦用心，产生积极作用。

赠品既然是给人的，那么选择时就要考虑对方的情况，诸如年龄爱好、文化素养、家庭环境，以至避讳之类，使赠品具有针对性，讨人喜欢。一尊维纳斯雕像如作为赠品送给一位城市青年，他一定会高兴。而如果将它送给生活贫困的山里青年，就不定叫好。对一位性格要强、不服老的退休工人，你若送他一只拐杖，他不一定高兴，不如送他一对“健身球”，更投他的心思。

还有，如果对方有某些忌讳，你送礼品时就更应当小心行事。有一位大嫂梦寐以求的是生一个胖小子，就不喜欢别人当她的面说姑娘。偏偏有位侄子好心好意拿回一个扎小辫子的洋娃娃。大嫂心里老大不高兴，把侄子“骂”了一通。

馈赠是朋友间进行的活动，是人之常情，有积极意义的。我们应该与朋友间进行一种正大光明、健康向上的馈赠和交往，以建立良好的人际关系。

要适时化怒为力

在社会交往的过程中，人们总会遭遇到挫折和失败，情绪的平衡因此受到破坏，如果把什么都闷在心里，久而久之难免会得抑郁症。无害的合理宣泄，可以疏导你心中的怨气，化愤怒为力量，能使自己尽快地走出阴影，轻松愉快地走向生活。

当同学们遭受不公正的待遇时，心中的怒气大有冲决之势，这时你不妨确立一个“假设敌”，把无限的不平之气都发泄在它的身上。有一位张先生，性情特别急躁，一次受到领导的过火批评，满肚子火，欲以拳脚功夫施以报复。后来，他的一位年老的朋友就将他拉至菜园，命其挖土。他下意识地刨了一个大坑，尔后又填上，再刨、再填，如此反复脸上终于雨过天晴。

有一位著名的商人，对于自己发泄怒气的方法，说得十分有趣。他说："当我自知怒气快来时，连忙不动声色地设法离开，立刻跑到我的健身房。如果我的拳师在那里，我就和他对打；如果拳师不在，我就猛力捶击皮囊，直到发泄我的满腔怒火为止。"日本有些企业，也盛行这种方法。在工厂里专门设一房子，里面挂有经理、老板的像，对他们有意见的员工大可在房间里大骂，直到发泄完怒气为止。

现代心理学发现，发怒是由于心理上失去平衡或者是自己的要求和欲望得不到满足引起的。可见，只要是生活的现实中有感情的人，不可避免地都会在某时某地因某事而大发脾气，关键是要注意发怒的场合，尤其是发怒的方式，切忌一时冲动，弄得身败名裂。

美国前总统里根平素性情温和，但偶尔也要发点脾气。他发起怒来会把铅笔或眼镜扔在地上。不过，他总是很快就平静，恢复情绪。一次他主动对他的侍从说："你看，我在很久以前就学会到这么个秘诀：你发怒时，如果控制不住自己，不得不扔掉一些东西来出气的话，那么应该注意把它扔在你的面前，可别扔得太远，这样，捡起来就省力多了。"

有些烦恼未必要依靠外物来宣泄，而可以自我宣泄。如果把心胸放开阔一点，一来可以减少许多不必要的烦恼，二来不会将烦恼转嫁于他人，这样你就可以赢得更多的朋友。因为人总是乐于跟开朗的人打交道。以笔作武器，将心中的话儿倾注在纸上，是一种很好的自我宣泄方式。

一般地说，通过写诗、记日记等，可以有效地宣泄郁积在心头的不平之气，使情绪恢复平静。同时，人们在情绪失衡状态下的感受，是一种有意义的体验，对于创作者则尤其宝贵。俄国著名作家契诃夫曾说，为了理解笔下的人物特别是那些不幸的人物，作家就得能够痛苦才行。不然，作家就难免"扯谎"、"诽谤"和"诬蔑"，或者"乘机发表浅薄而苍白的思想倾向"。阿·托尔斯泰更进一步说道，作家只有经历了希望、喜悦、振奋，也经历了痛苦、失望、颓丧以后，才可能把握整整一个巨大的时代，

《苦难的历程》正是这样产生的。可见，情绪失衡以及它的忠实记录，往往是一笔财富。自然，用文字攻击、影射别人，只会加深仇恨，也加剧个人的苦恼。这与我们所提倡合理宣泄是毫不相干的。

我们应该懂得，一切逆境都不是生活的大不幸，最大的不幸是没有能力应付突如其来的厄运。愤怒、消沉、自暴自弃都无济于事，反之，化愤怒为力量成就大事，借厄运之机磨炼意志，人才能扭转不利的局面，成为生活的强者。